高等职业教育机电类专业新形态教材

智能制造现代夹具设计

主　编　刘显龙

副主编　贾　方　邹　晔

参　编　曾龙江　刘潇潇　韦秋红　梁远志

机械工业出版社

本书内容主要分为两大部分，一部分是夹具设计基本原理，包括六点定位原理、工件定位、工件夹紧、夹具误差分析、夹具夹紧力计算等；另一部分是金属加工领域智能制造产线夹具相关技术，包括智能制造生产工艺、零点定位系统、随行夹具、机器人末端执行器、自动化立体仓库等。

本书采用项目任务式的形式呈现知识结构，以项目为纽带整合相关技术，通过项目展示现代夹具设计工作过程。全书共有六个夹具设计项目，项目一通过组织学生进行实地考察、网上搜索信息等认知活动，学生可了解夹具基本概况；项目二通过学习键槽铣削夹具的设计，学生可掌握夹具设计基本原理和技术；项目三~六通过学习四个企业夹具设计项目，学生可了解智能制造生产工艺、智能产线夹具特点及夹具设计过程，掌握现代夹具设计技术及要求，培养现代夹具设计能力。对于重点、难点以及文字叙述不易表达清楚的内容，学生可通过扫描书中的二维码观看相关视频，方便理解和掌握。

本书可作为高等职业教育机械设计与制造、数字化设计与制造技术、机械制造及自动化、数控技术、模具设计与制造等专业的教学用书，也可作为机械工程技术人员的参考书。

本书配有电子课件，凡使用本书作为教材的教师可登录机械工业出版社教育服务网（http://www.cmpedu.com），注册后免费下载。咨询电话：010-88379375。

图书在版编目（CIP）数据

智能制造现代夹具设计/刘显龙主编. —北京：机械工业出版社，2024.2

高等职业教育机电类专业新形态教材

ISBN 978-7-111-74600-3

Ⅰ.①智… Ⅱ.①刘… Ⅲ.①智能制造系统-机床夹具-设计-高等职业教育-教材 Ⅳ.①TH166②TG750.2

中国国家版本馆 CIP 数据核字（2024）第 020533 号

机械工业出版社（北京市百万庄大街 22 号　邮政编码 100037）
策划编辑：王英杰　　　　　　责任编辑：王英杰　赵文婕
责任校对：高凯月　张　薇　　封面设计：王　旭
责任印制：张　博
北京建宏印刷有限公司印刷
2024 年 3 月第 1 版第 1 次印刷
184mm×260mm · 13.25 印张 · 324 千字
标准书号：ISBN 978-7-111-74600-3
定价：43.00 元

电话服务　　　　　　　　　　　网络服务
客服电话：010-88361066　　　机 工 官 网：www.cmpbook.com
　　　　　010-88379833　　　机 工 官 博：weibo.com/cmp1952
　　　　　010-68326294　　　金 书 网：www.golden-book.com
封底无防伪标均为盗版　　机工教育服务网：www.cmpedu.com

前言

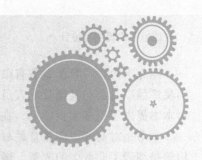

党的二十大报告提出，到2035年，我国将基本实现新型工业化、信息化。在新一轮科技革命和产业变革深入发展背景下，金属加工领域将朝着智能化、信息化方向全面发展，作为金属加工必不可少的夹具，也将呈现出足够的柔性化和智能化。在产业智能化、信息化升级过程中，从业人员创新精神、数字化信息素养和绿色环保理念缺乏等问题愈加凸显，现代夹具设计人才短缺问题愈发严重。

本书是广东机电职业技术学院与东莞市力博特智能装备有限公司深入合作，组成编写团队协作的成果。团队本着以培养具有劳动精神、创新精神、素质高、专业技术全面的夹具设计高技能型人才为目标，将项目式职业教育课程理念和"教学做"一体化教学思想融入书中，使全书内容符合现代职业教育教学改革和课程改革要求，充分体现现代智能制造夹具设计思想和理念，反映智能制造新设备、新工艺、新技术和新标准。

本书基于项目式课程理念，围绕现代零件智能制造工艺，精选了六个典型生产项目，将现代夹具设计基本理论和工艺知识与生产项目深入融合，通过项目促进知识学习、技能培养和素质养成。

本书重视学习成果的呈现，要求学生将夹具设计以设计方案、三维模型、CAD工程图、实际产品的形式进行展示；在考核评价环节，将学习过程与结果相结合，既重视项目实施成果的创新理念评价，也重视项目实施过程中的科学精神、优良学风、创新精神及工程伦理评价。由于各专业的教学条件不同，有些专业不能完成所有夹具设计任务，可以酌情考虑只完成部分设计任务，展示部分学习成果。

为促进学习型社会建设，让书中内容既适用于课堂教学，又兼顾社会人员自学，本书基于支架学习理论，采用问题导向法，将夹具设计过程分解成多个具体问题，以问题引导学生学习。本书针对重点和难点配套了丰富的动画、视频、课件、案例、习题库和其他学习资源，并建设了"智能制造现代夹具设计"在线课程，以帮助学生学习和教师教学。

本书适用于高等职业院校数控技术、机械设计与制造、机械制造及自动化、模具设计与制造等专业，各专业根据实际教学条件，可按理实一体化模式实施教学，也可将其分成理论和实训两门课程分别实施。书中各项目具有相似编排结构，内容具有相对独立性，且各具特点，各专业可根据课程目的、学生基础及教学条件对项目进行选择性学习。

本书由刘显龙任主编，贾方、邹晔任副主编，曾龙江、刘潇潇、韦秋红、梁远志参加了编写。具体分工如下：刘显龙编写项目一、二、三，贾方编写项目四，邹晔编写项目五，刘潇潇编写项目六和附录；企业工程师曾龙江、韦秋红和梁远志为本书提供技术指导，并完成了本书所有工程图的绘制、三维模型的创建，以及动画和视频的制作及后期处理。

　　东莞市力博特智能装备有限公司为本书提供了大量的案例和素材，总经理贾方、总工程师吴辉强以及公司其他技术人员都对本书的编写提供了大量的支持与方便，兄弟院校的同仁对本书提出了很多宝贵意见，在此一并表示衷心的感谢！

　　本书是对高等职业教育教材改革的一次探索和尝试，与传统夹具教材相比，其内容与结构编排都做了非常大的改革，融入了很多新的教育教学理念。限于编者水平，书中难免存在缺点和不足之处，敬请广大同行及读者批评指正。编者邮箱 935535193@ qq. com。

编　者

目录

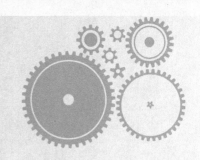

项目一

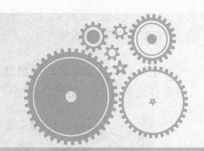

认识夹具

📄》 项目导读

本项目主要介绍夹具的结构、分类、功能以及发展趋势，学生在学习过程中，需要寻找常见的夹具，并对夹具的类型、功能、工作过程进行分析。通过该项目的学习，学生能对夹具有初步的认识，为后面的学习打下基础。

📄》 学习目标

（1）知识目标

1）了解夹具的基本结构。

2）了解夹具的主要类型。

3）了解夹具的功能。

4）了解夹具的发展趋势。

（2）能力目标

1）能区分不同类型的夹具。

2）能简述各类夹具的特点。

（3）素质目标

1）能利用互联网、图书馆等渠道完成信息的收集与整理。

2）能与同学、老师对夹具相关问题进行沟通和探讨。

📄》 相关知识

一、初识夹具

夹具是指机械制造过程中用来固定加工对象，使之具有正确的位置，以接受施工或检测的装置。从广义上说，在工艺过程的任何工序中，用来迅速、方便、安全地安装工件的装置，都可以称为夹具。

图1-1所示为汽车梁焊接夹具，先将焊接对象固定在该夹具的特定位置，然后控制焊枪实施焊接动作。焊接夹具是一种重要的夹具，它可以保证焊件尺寸，提高装配精度和效率，防止焊接变形，广泛用于飞机和汽车制造领域。

图 1-2 所示为辅助电动机转子装配的工艺装备，称为组装夹具，它是在装配过程中用来对零件施加外力，使其获得更可靠定位的工艺装备。

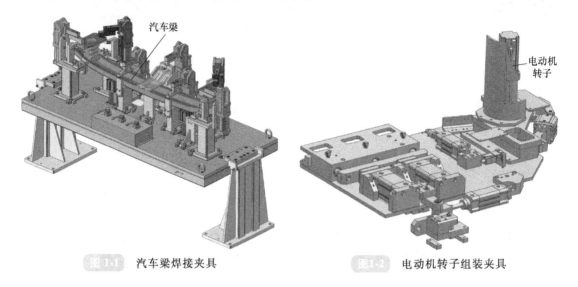

图 1-1   汽车梁焊接夹具   图 1-2   电动机转子组装夹具

图 1-3 所示为简易分度台，它可以按设置的角度旋转，使设备一次性完成多个工件的加工。

图 1-4 所示为安装在加工中心第四轴上的夹具，其作用是固定安装在第四轴上的电动机外壳，使加工中心上的刀具对其进行切削加工。该夹具一次可以装夹两个电动机外壳，并完成多个加工工序。

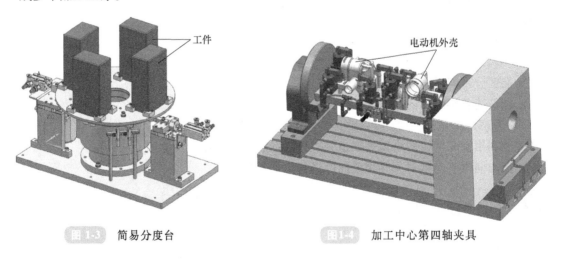

图 1-3   简易分度台   图 1-4   加工中心第四轴夹具

二、夹具的功能

1. 保证工件加工精度，稳定整批工件的加工质量

由于操作者的技术及经验存在差异性，通过人工将工件装夹在加工设备上，易使各工件装夹位置不统一，进而影响工件加工精度，降低加工质量。通过夹具将工件固定在加工设备上，避免了人为因素导致的工件装夹位置不统一，解决了工件装夹定位的可靠性、稳定性和

统一性，能极大地提高整批工件的加工质量。

2. 提高劳动生产率

利用夹具可以实现工件在加工工位上的快速定位和夹紧，省去了对同一批工件的找正调整过程，极大缩短了工件的装夹辅助时间。对于大批量的或外形轮廓较复杂、不易找正装夹的工件，可明显减少生产辅助时间，极大提升工作效率。

3. 改善劳动条件

采用夹具装夹工件方便且快捷，节省了操作者的劳动时间，减轻其劳动强度。

4. 降低对操作者的技术水平要求

夹具技术让工件装夹精度在夹具设计制造过程中就得到充分保证，工件的装夹不再是高技术工作，其过程变得简单便捷，对工人的技术水平要求也较低。

三、夹具的结构（图 1-5）

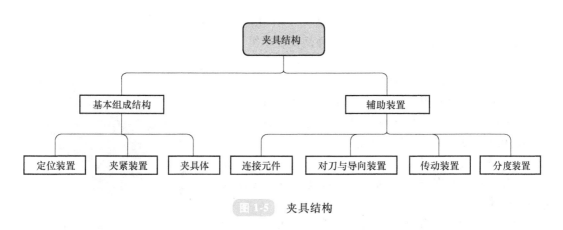

图1-5　夹具结构

1. 基本组成结构

夹具结构形式多样，通常由定位装置、夹紧装置和夹具体三大部分组成。

（1）定位装置　定位装置的作用是让工件在设备中位于预先设计的位置，它通常由一系列标准或非标准元件组成。如图 1-6 所示，销轴为该夹具的定位装置，它保证每一个工件都安装在相同的空间位置中；如图 1-7 所示，夹具中的 V 形定位块和定位螺钉都属于定位装置。

（2）夹紧装置　夹紧装置是夹具中将工件固定牢靠，确保工件在切削力的作用下仍保持位置固定不变的装置，它由一系列标准或非标准夹紧元件组成。如图 1-6 所示，开口垫圈属于夹紧装置，它在螺母作用下，压紧工件，使工件在钻孔过程中保持位置不变；如图 1-7 所示，夹具中的压板和千斤顶是夹紧装置。

（3）夹具体　夹具体是夹具中的基础件，是将定位装置、夹紧装置以及其他辅助零件连接在一起，实现夹具总体功能的零件。如图 1-6 所示，底座是夹具体，它将支承板、销轴、开口垫圈等元件连接在一起，让各个元件发挥各自功能，从而实现夹具总体功能；如图 1-7 所示，底板属于夹具体，它将方铁、千斤顶、侧支承柱等连接在一起，共同实现工件的定位和夹紧。

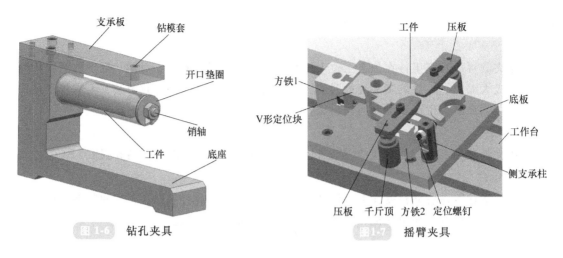

图 1-6 钻孔夹具

图 1-7 摇臂夹具

2. 辅助装置

（1）连接元件 连接元件是在机床上对夹具进行定位的元件。根据机床的工作特点，夹具在机床上的安装连接有两种形式：一种是安装在机床工作台上，另一种是安装在机床主轴上。车床夹具中的过渡盘、铣床夹具中的定位键都是连接元件。

（2）对刀与导向装置 对刀与导向装置是辅助确定刀具位置的装置，它是机床夹具常见的装置。例如铣床夹具中的对刀块，钻床夹具中的钻套等。

（3）传动装置 传动装置是为夹具自动夹紧提供动力的装置，常用的有气压传动、液压传动、电机传动和电磁传动等。

图 1-8 铣床通用分度头

（4）分度装置 分度装置是使工件在一次安装中能完成数个工位加工的装置，它分为回转分度装置和直线移动分度装置。前者主要用于加工有一定角度要求的孔系、槽或多面体等；后者主要用于加工有一定距离要求的孔系和槽等。图 1-8 所示为铣床通用分度头。

四、夹具的分类（图 1-9）

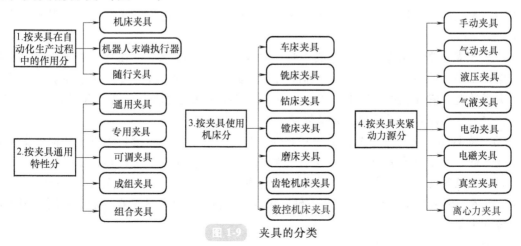

图 1-9 夹具的分类

1. 按作用分

依据夹具在自动化生产过程中的作用，可将夹具分为机床夹具、机器人末端执行器和随行夹具。

（1）机床夹具　机床夹具是应用在机床上作为辅助加工的一种装置，是机床的附加装置，例如用于铣床的机用平口钳（图1-10）、用于车床的卡盘（图1-11）、用于钻床的钻孔夹具等。

图1-10　机用平口钳　　　　　　　　　　　　图1-11　单动卡盘

（2）机器人末端执行器　机器人末端执行器是实现机器人与各种物体连接的装置，例如各式各样的机器人手爪，如图1-12和图1-13所示。

图1-12　电极手爪　　　　　　　　　　　　图1-13　气动转角式手爪

（3）随行夹具　随行夹具是在自动化柔性生产线上，跟随产品在各设备间转换，实现产品在各设备上快速装夹固定的一种现代化夹具，如图1-14和图1-15所示。

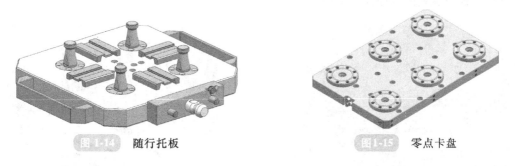

图1-14　随行托板　　　　　　　　　　　　图1-15　零点卡盘

2. 按通用特性分

依据夹具的适用范围以及结构特点，可将夹具分为通用夹具、专用夹具、可调夹具、成组夹具和组合夹具。

（1）通用夹具　通用夹具是指结构、尺寸已标准化，且具有一定通用性的夹具。例如自定心卡盘、单动卡盘、机用平口钳、万能分度头、中心架、电磁吸盘等。其特点是适用范围广，无须调整或稍加调整即可装夹一定形状范围内的各种工件。这类夹具已商品化，是机床的重要附件。

（2）专用夹具　专用夹具是针对具体工件的某一工序专门设计和制造的夹具。其特点是针对性极强，没有通用性。在产品类型相对稳定、批量较大的生产中，为节省装夹时间，提高生产率和加工精度，常针对主要工序设计专用夹具，以辅助生产。专用夹具的设计、制造周期较长，需要增加较多的生产成本，只有在产品数量足够大的情况下，才考虑使用专用夹具。有些加工难度大，加工精度难以保证的重要产品，也会考虑利用专用夹具实现产品加工制造。

随着现代科技的发展，产品生产呈现出多品种、小批量的特点，专用夹具制造周期长的缺点已变得越来越明显。

（3）可调夹具　可调夹具是为弥补通用夹具和专用夹具各自的缺陷而发展起来的一类新型夹具。对不同类型和尺寸的工件，只需调整或更换原来夹具上的个别定位元件和夹紧元件便可使用。它一般又分为通用可调夹具和成组可调夹具。通用可调夹具的通用范围大，适用性广，加工对象不太固定；成组可调夹具是专门为成组工艺中某组零件设计的，调整范围仅限于本组内的工件。可调夹具在多品种、小批量生产中已得到广泛应用。

（4）成组夹具　成组夹具是在成组加工技术基础上发展起来的一类夹具。它是根据成组加工工艺的原则，针对一组形状相近的零件专门设计的，由通用基础件和可更换调整元件组成的夹具。成组夹具从外形上看，与可调夹具区别不大，但与可调夹具相比，它具有使用对象明确、结构紧凑、调整方便等优点。

（5）组合夹具　组合夹具是一种标准化、系列化程度很高的柔性化夹具，并已商品化。它由一套预先制造好的具有不同几何形状、不同尺寸的高精度元件组成。使用时按照工件的加工要求，采用组合的方式组装成所需的夹具。根据组合夹具连接基面的形状，可将其分为槽系和孔系两大类。槽系组合夹具的连接基面为 T 形槽，元件由键和螺栓等定位紧固连接，如图 1-16 所示；孔系组合夹具的连接基面为圆柱孔组成的坐标孔系，如图 1-17 所示。槽系组合夹具按尺寸可分为小型、中型和大型三种类型，其主要区别在于元件的外形尺寸、T 形槽宽度和螺栓及螺孔的直径规格不同。

图 1-16　槽系组合夹具

图1-17　孔系组合夹具

3. 按设备分

按夹具适用的加工设备不同，可把夹具分为车床夹具、铣床夹具、钻床夹具、镗床夹具、磨床夹具、齿轮机床夹具、数控机床夹具等。

4. 按动力源分

按夹具夹紧动力源不同，可将夹具分为手动夹具、气动夹具、液压夹具、气液夹具、电动夹具、电磁夹具、真空夹具和离心力夹具等。

五、夹具的发展趋势

党的二十大报告中提出"推动制造业高端化、智能化、绿色化发展"，夹具已由一种简单的辅助工具发展成为门类齐全的重要机械加工工艺装备。现代机床夹具的发展方向，主要表现为高精度、高效率、柔性化、标准化和智能化。

1. 高精度

为适应高精度产品的加工需要，各类高精度夹具也以较快的速度向前发展，高精度成为近代机床夹具发展的一个重要方向。目前，用于精密车削的高精度自定心卡盘的定心精度已小于 $5\mu m$；高精度心轴的同轴度误差可控制在 $1\mu m$ 以内；用于轴承座圈磨削的电磁无心夹具，可使工件的圆度误差控制为 $0.2\sim0.5\mu m$；用于精密分度的端齿盘分度回转工作台，其直接分度值可达 $15'$，其重复定位精度和分度对定误差可控制在 $1''$ 以内。

2. 高效率

夹具的高效率主要体现在夹具能适应高切削速度和高效率的工件装夹两方面。例如高速自定心卡盘，可保证在主轴转速为 $9000r/min$ 时仍能牢固地夹紧工件，能有效提高机床切削速度。随着生产数字化、信息化发展，传感器、PLC 控制技术越来越多地应用在各类夹具上，使它们具有自动感应，自动控制等功能，在生产线上使用具有自动化、智能化特征夹具，减少了人为介入时间，有效提高了生产自动化程度和生产率。夹具的快速更换是当今夹具发展的主流趋势，通过夹具接口标准化实现夹具快速更换，可极大缩短更换夹具的时间，零点定位系统、随行夹具就是应用实例。

3. 柔性化

柔性化是指夹具适应产品变化的能力。夹具适用产品范围越大，其柔性化程度越高，反之，其柔性化程度越低。多品种、小批量、定制化是今后生产的主要特征，多产品共线生产，产线快速切换是今后产线发展的主要方向，它要求尽可能缩短夹具的设计、制造、安装、调试的周期，以提升产线的柔性。提升夹具柔性化的方法包括夹具设计的可视化、参数化、智能化，夹具接口的标准化，夹具功能的模块化，夹具元件的标准化等。

4. 标准化

标准化是夹具零件系列化、通用化的体现，是推动现代夹具发展的一项十分重要的技术措施。

随着科学技术的飞速发展和我国新型工业化进程的加快推进，部分旧有国家标准和个别行业标准与国际标准间的不统一，曾一度影响我国产品及技术与国际产品及技术的顺利接轨。为此，国家有关部门在制度化、规范化、程序化方面做了大量工作，先后对夹具零件、部件有关技术标准进行修订和完善，颁布了新的夹具零件、部件推荐标准，为机床夹具的设计、制造及应用提供了规范性文件，推动了夹具的专业化生产。

5. 智能化

随着大数据、5G、云计算、物联网技术的发展，智能产线在各产业的应用越来越普遍，传统手动、自动夹具已不能满足智能化生产的要求。各种信息化、数字化技术将全面融入夹具，推动夹具数字化、智能化发展。当前，许多厂家已在夹具智能化方向拥有众多研究成果，例如夹紧力监测和自动调整，产品在线检测，夹具状态监控与自动控制等。

任务实施

引导问题 1

除了本项目所列的夹具，大家在学习和生活中还遇到过其他夹具吗？请到实训室中拍下认识的夹具，并将图片贴于表 1-1。

表 1-1　常见夹具

序号	名称	图片

引导问题 2

请大家分析表 1-1 所列夹具在生产中的具体作用，将讨论结果填入表 1-2。

表 1-2 夹具作用

序号	名　称	作　用

讨论表 1-1 所列夹具的类型及特点，将讨论结果填入表 1-3。

表 1-3 夹具类型

序号	名　称	类型及特点

项目二

键槽铣削夹具设计

📖 项目导读

　　本项目主要介绍键槽铣削夹具的结构设计方法，通过该项目，了解夹具设计的完整过程，掌握夹具设计的基本原理和内容，形成夹具设计基本思路。

　　图 2-1 所示的工件除键槽外，其他部件均已加工完成，本项目要求大家设计一套键槽铣削夹具。

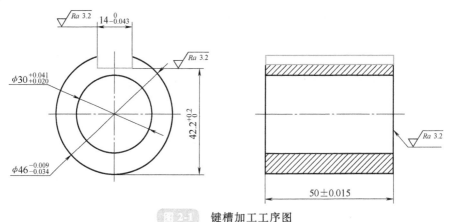

图 2-1　键槽加工工序图

📖 学习目标

（1）知识目标

1）理解六点定则的内容。

2）理解定位基准、自由度、三基面基准等概念。

3）理解工序基准、定位基准概念。

4）熟悉十种基本定位体的定位方式。

5）理解工件自由度对尺寸精度的影响。

6）理解完全定位、不完全定位、欠定位和重复定位等概念。

7）熟悉平面、圆孔面和外圆柱面的定位方式。

8）理解定位误差产生的原因。

9）熟悉定位误差的组成。

10）了解夹紧装置的组成结构。

11）理解基本夹紧机构的工作原理。

12）理解对定的概念及作用。

13）掌握夹具在工作台上的定位方法。

（2）专业能力目标

1）能运用六点定位基本原理，对箱体类、盘类和轴类工件的自由度进行分析。

2）能指出给定工件的定位基准。

3）能分析工件的定位状况。

4）能对不完全定位、欠定位和重复定位等情况提出改进方法。

5）根据定位基准面的类型选择合适的定位元件。

6）能分析并计算出夹具的定位误差。

7）能判断夹具是否满足工件切削精度要求。

8）能设计夹紧力的方向及作用点。

9）能简单计算夹紧力的大小。

10）独立完成键槽铣削夹具的定位方案设计。

11）能独立设计工件的夹紧方案。

12）能独立设计夹紧元件。

13）能正确绘制夹具工程图。

（3）素质目标

1）能利用互联网、图书馆等渠道完成信息的收集与整理。

2）能与同学、老师对智能制造相关问题进行沟通和探讨。

3）能分析及解决项目实施过程中遇到的问题。

4）能倾听并理解他人想法，具备文字总结及表达能力。

5）能与团队协作共同完成项目。

任务一　键槽铣削夹具定位方案设计

任务描述

1）学习理解夹具定位相关知识。

2）完成键槽铣削精度要求，及装夹自由度分析。

3）团队共同设计键槽铣削工件定位方案。

4）对设计的键槽铣削工件定位方案进行可行性分析。

5）对设计的键槽铣削工件定位方案进行评价。

相关知识

一、工件定位基本原理

为了让工件能在机床上顺利加工，确保工件的加工精度和加工质量满足加工要求，加工时，同一工序中的一批工件在机床上应该具有唯一确定的位置，确定工件在机床上的位置，就是定位，它是夹具的主要功能。

（一）定位基准

工件上用作定位的几何要素称为定位基准，它可以是工件表面的点、线、面等轮廓要素，也可以是工件的轴线、对称中心线、对称中心面等几何要素。

如图 2-2a 所示，长方体的三个面与六个小圆柱接触，使长方体在空间中具有确定的位置，长方体的三个表面就是定位基准；如图 2-2b 所示，圆筒外圆柱面与 V 形块表面接触，使圆筒在空间中具有确定的位置，圆筒的轴线就是定位基准。

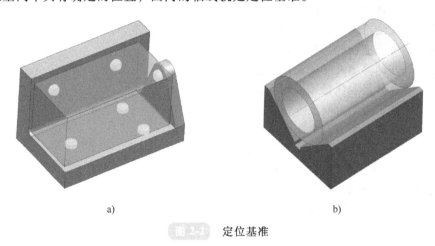

a)　　　　　　　　　　　　　　　　b)

图 2-2　定位基准

引导问题

理解定位基准概念，指出表 2-1 所列工件的定位基准（请填写具体的基准要素）。

表 2-1　工件的定位基准

图示	工件定位基准

（续）

图示	工件定位基准
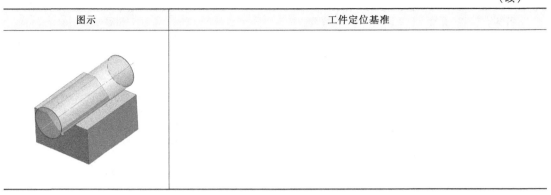	

（二）自由度

一个尚未定位的工件，其位置是不确定的，这种位置的不确定性，称为自由度。图 2-3 所示的工件，它在空间中没有明确固定的位置，它既能沿 x、y、z 轴移动，又能绕 x、y、z 轴转动。我们把工件能沿 x、y、z 轴移动称为移动自由度，分别用 $\vec{x}$、$\vec{y}$、$\vec{z}$ 表示，把工件能沿 x、y、z 轴转动称为转动自由度，分别用 $\hat{x}$、$\hat{y}$、$\hat{z}$ 表示。如果工件在空间坐标系中没定位，则具有 $\vec{x}$、$\vec{y}$、$\vec{z}$、$\hat{x}$、$\hat{y}$、$\hat{z}$ 六个自由度，见表 2-2。

图 2-3 工件的六个自由度

表 2-2 工件空间位置的自由度

名称	符号	含义	图示
移动自由度	$\vec{x}$	工件在 x 方向上没有明确固定的位置	
	$\vec{y}$	工件在 y 方向上没有明确固定的位置	

（续）

名称	符号	含义	图示
移动自由度	$\vec{z}$	工件在 z 方向上没有明确固定的位置	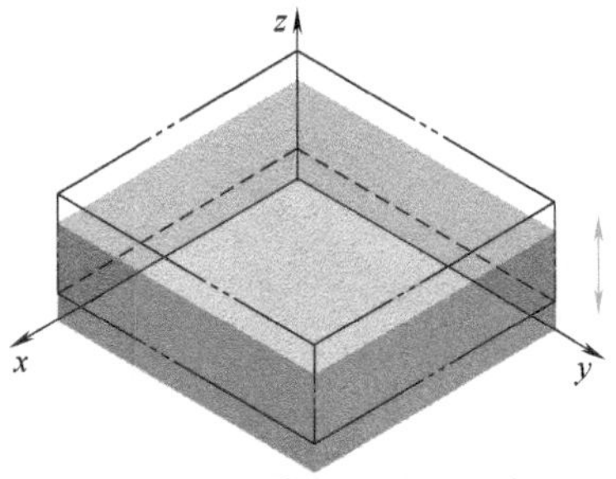
转动自由度	$\overset{\frown}{x}$	工件绕 x 方向上没有明确固定的位置	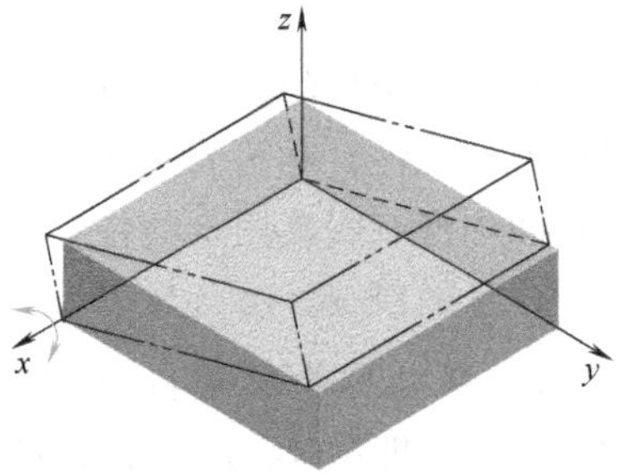
	$\overset{\frown}{y}$	工件绕 y 方向上没有明确固定的位置	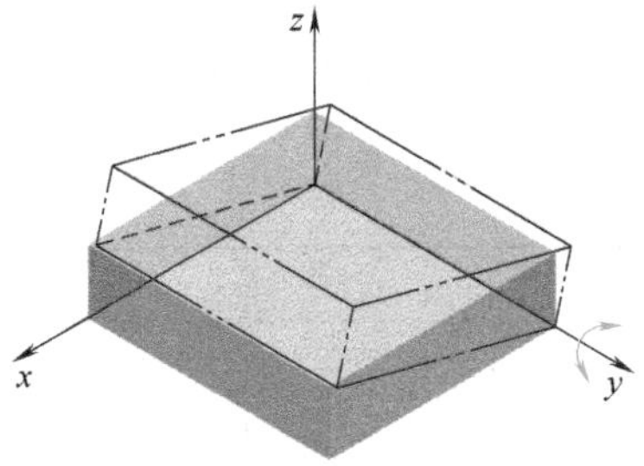
	$\overset{\frown}{z}$	工件绕 z 方向上没有明确固定的位置	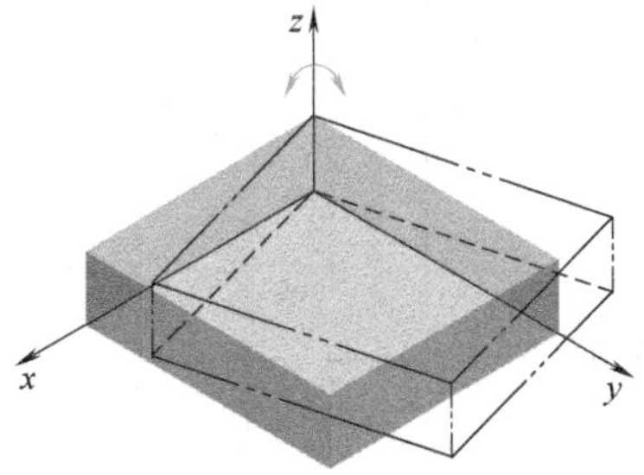

（三）六点定位基本原理

　　为了让工件在空间坐标系中有确定的位置，需要给工件设置六个约束，分别限制它的六个自由度，这就是六点定位的基本原理，为了简化叙述，下文均称六点定则。限制自由度的约束通常由工件外的物体（统称定位元件）提供。工件外的物体通过与工件进行点、线、面的接触，可消除工件不同的自由度。

1. 点接触

点接触能消除工件一个移动自由度。如图 2-4 所示，定位点 6 限制了 x 方向的移动，实现了工件在 x 方向上的定位，消除了工件 x 方向的移动自由度 $\vec{x}$。

2. 线接触

线接触能消除工件一个移动自由度和一个转动自由度。如图 2-4 所示，接触点 4、5 与工件接触，其效果可看作是点 4、5 形成的连线与工件接触，它们消除了 y 方向移动自由度 $\vec{y}$，以及 z 方向的 z 转动自由度 $\hat{z}$。

3. 面接触

面接触能消除工件一个移动自由度和两个转动自由度。如图 2-4 所示，接触点 1、2、3 一起可看作是面接触，它们一起消除了 z 方向的移动自由度 $\vec{z}$，x、y 方向的转动自由度 $\hat{x}$、$\hat{y}$。

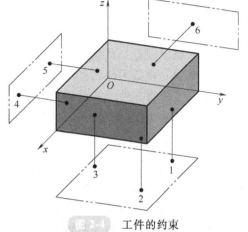

图 2-4　工件的约束

1）实际工作中，上述的点、线、面指的是指夹具中的定位元件与工件接触的点、线、面。很多情况下，为了方便分析，可以把定位元件与工件较小的面接触看成点接触，工件同一面上的两个点接触看成线接触，三个点接触看成面接触。

2）夹具上的定位元件与工件上的基准面始终保持接触，才能起到限制自由度的作用。如果定位元件没有和工件接触，则定位元件没有对工件的自由度产生限制。

3）分析定位支承点的定位作用时，不考虑力的影响。工件的某一自由度被约束，是指工件在某个坐标方向有了确定的位置，并不是指工件在受到外力后，不能脱离定位元件并产生移动。工件在外力作用下保持原来确定的位置要靠夹紧装置来完成。

引导问题 1

理解六点定则，并围绕图 2-5 所示的工件分析讨论以下问题：

1）工件定位采用的是（　　）类型。

A. 点接触　　　　　B. 线接触　　　　　C. 面接触

2）工件（　　）完全定位。

A. 是　　　　　　　B. 不是

3）工件具有（　　）自由度。

A. 一个　　B. 两个　　C. 三个　　D. 四个

E. 五个　　F. 六个

（四）六点定则的应用

1. 箱体类工件

一般情况下，箱体类工件通过其外表面与定位元件接触实现定位。如图 2-6 所示，通过

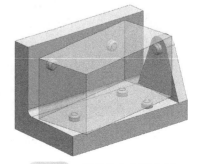

图 2-5　工件的自由度分析

工件底面（平面 xOy）与三个定位点的接触，消除了工件 $\widehat{x}$、$\widehat{y}$、$\overrightarrow{z}$ 三个自由度；通过工件侧面（平面 xOz）与两个定位点的接触，消除了工件 $\overrightarrow{y}$、$\widehat{z}$ 两个自由度；通过工件端面（平面 yOz）与一个定位点的接触，消除了工件 $\overrightarrow{x}$ 的一个自由度，工件空间位置的六个自由度全部被限制，工件被完全定位。

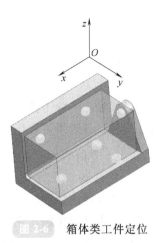

通常把工件中较大的平面作为主要定位基准面，又称第一定位基准面，例如图 2-6 所示的底面 xOy。工件中与两个定位元件接触的侧面，称为导向定位基准面，又称第二基准面，例如图 2-6 所示的侧面 xOz；工件中与一个定位元件接触的侧面，称为止推定位基准面，又称第三基准面，例如图 2-6 所示的侧面 yOz。这三个基准面形成三基面基准系统，又称三基面基准。

图 2-6 箱体类工件定位

2. 盘类工件

对于带槽（或孔）的盘类工件，六点定则的应用情况如图 2-7 所示。

一般来说，盘类工件具有较大的端面，其轴向尺寸或高度尺寸相对较小，考虑到安装的稳定性及夹紧的可靠性，常以较大的端面作为主要定位基准面，即第一定位基准面，故常把工件的端面作为主要定位基准。如图 2-7 所示，在盘的下端面设置支承点 1、2、3，消除工件 $\widehat{x}$、$\widehat{y}$、$\overrightarrow{z}$ 的三个自由度。

通过支承点 4、5 与工件圆柱面的接触，分别约束了工件 $\overrightarrow{y}$、$\overrightarrow{x}$ 自由度，工件的圆柱面为第二定位基准，习惯上称为定心基准。

支承点 6 与工件键槽的一个侧面接触，约束了 $\widehat{z}$ 自由度，键槽的侧面是工件定位中的第三定位基准，习惯上称为防转基准。

3. 轴类工件

对于带槽（或孔）的轴类工件，六点定则的应用情况如图 2-8 所示。

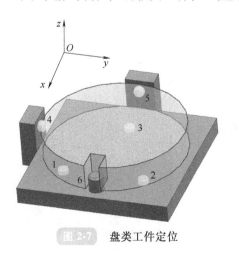

图 2-7 盘类工件定位

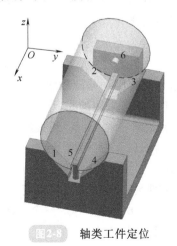

图 2-8 轴类工件定位

将两个 V 形块置于轴类工件的两端，V 形块斜面与工件的圆柱面接触，形成不共面的四点约束，如图 2-8 所示的点 1、2、3、4，它们限制了工件的 $\overrightarrow{y}$、$\widehat{z}$、$\overrightarrow{y}$、$\widehat{z}$ 四个自由度，此时，工件的轴线是第一定位基准，其第二、第三定位基准的设置，要依工艺要求而确定。如果对位置度、对称度有较高要求，可将工件上的卡槽面（点 5）设为第二定位基准，将圆柱端面（点 6）设置成第三定位基准；如果对轴向尺寸有较高要求，可将圆柱端面（点 6）设置成第二定位基准，将卡槽面（点 5）设置成第三定位基准。

引导问题 2

理解"六点定则的应用"部分的内容，讨论分析"定位基准"和"定位基准面"两个概念的区别，将讨论结果记录下来。

_____

_____

_____

_____

引导问题 3

图 2-9 所示为电永磁吸盘，在工作过程中不需要电能，只靠永磁吸力吸持工件，避免了电磁系统在突然断电和脱线损坏时因磁力丧失而出现工件脱落的情况。由于电永磁吸盘只是在充磁和消磁过程的 1~2s 内使用电能，工作中不使用任何能源而产生安全、强劲、高效的力量，既经济，又环保。消磁后，可将工件从磁盘上拿开，磁盘表面经过磨削，具有较高的平面度。

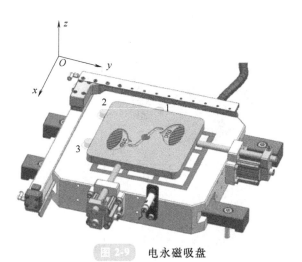

图 2-9　电永磁吸盘

大家学习自由度、六点定则等知识，从以下几个方面讨论分析这个夹具：

1）工件有（　　）个自由度。

A. 零　　B. 一　　C. 两　　D. 三　　E. 四　　F. 五　　G. 六

2）工件的主要定位基准面、导向定位基准面和止推定位基准面分别是什么？

主要定位基准面：_____

导向定位基准面：_____

止推定位基准面：_____

3）磁吸盘表面约束了工件的（　　）自由度。

A. $\widehat{x}$　　B. $\widehat{y}$　　C. $\widehat{z}$　　D. $\vec{x}$　　E. $\vec{y}$　　F. $\vec{z}$

4）定位元件2、3约束了工件的（　　）自由度。

A. $\widehat{x}$　　B. $\widehat{y}$　　C. $\widehat{z}$　　D. $\vec{x}$　　E. $\vec{y}$　　F. $\vec{z}$

5）定位元件1约束了工件的（　　）自由度。

A. $\widehat{x}$　　B. $\widehat{y}$　　C. $\widehat{z}$　　D. $\vec{x}$　　E. $\vec{y}$　　F. $\vec{z}$

（五）基本定位体的定位应用

夹具对工件的定位约束作用，是靠夹具上的定位元件来实现的。表2-3所列为常见的十种基本定位体及其约束作用。

表2-3　基本定位体的定位作用

序号	基本定位体	应用图示	提供约束点数目	约束自由度
1	短V形块	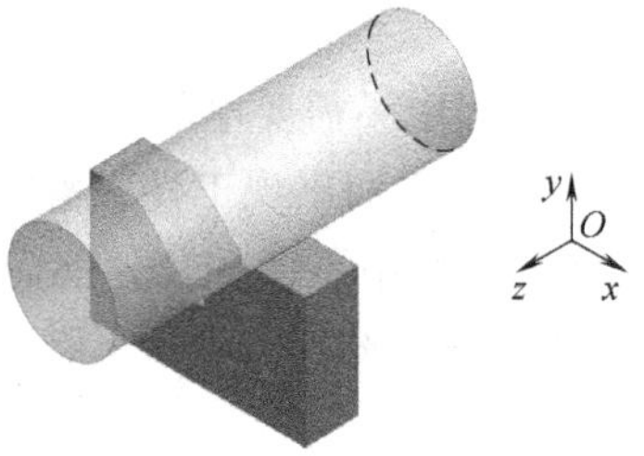	2	$\vec{x}$、$\vec{y}$
2	长V形块	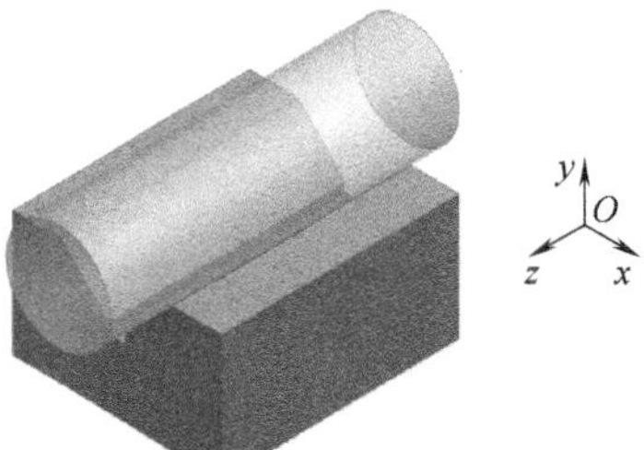	4	$\vec{x}$、$\vec{y}$ $\widehat{x}$、$\widehat{y}$
3	短圆柱销	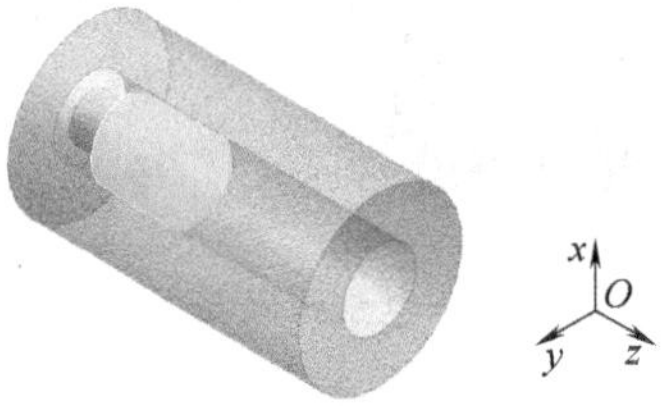	2	$\vec{x}$、$\vec{y}$
4	长圆柱销	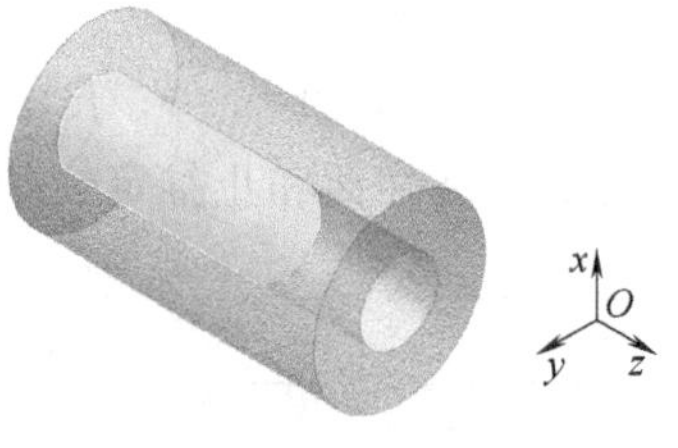	4	$\vec{x}$、$\vec{y}$ $\widehat{x}$、$\widehat{y}$

（续）

序号	基本定位体	应用图示	提供约束点数目	约束自由度
5	短定位套	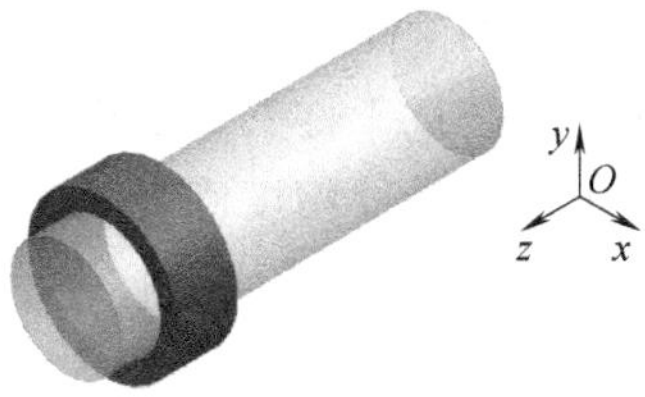	2	$\vec{x}$、$\vec{y}$
6	长定位套	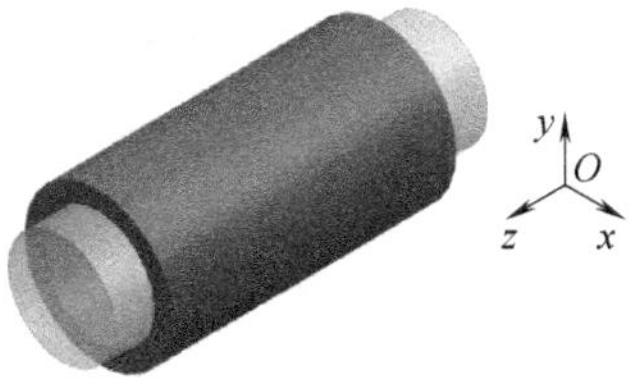	4	$\vec{x}$、$\vec{y}$ $\overset{\frown}{x}$、$\overset{\frown}{y}$
7	短圆锥销		3	$\vec{x}$、$\vec{y}$、$\vec{z}$
8	长圆锥销	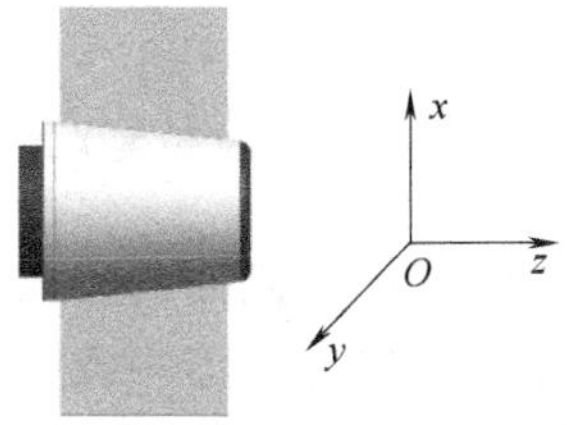	5	$\vec{x}$、$\vec{y}$、$\vec{z}$ $\overset{\frown}{x}$、$\overset{\frown}{y}$
9	短圆锥套	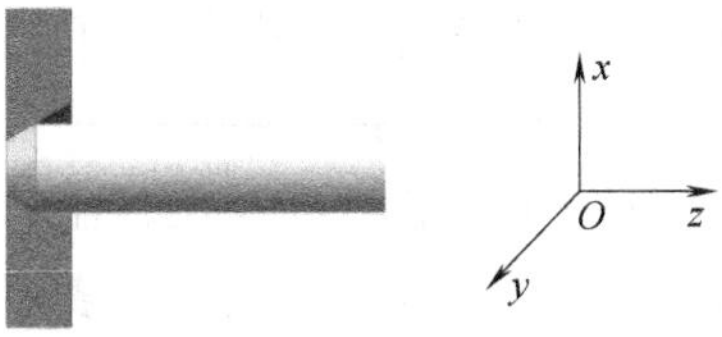	3	$\vec{x}$、$\vec{y}$、$\vec{z}$
10	长圆锥套		5	$\vec{x}$、$\vec{y}$、$\vec{z}$ $\overset{\frown}{x}$、$\overset{\frown}{y}$

二、工件的定位

（一）工件自由度分析

生产前，工艺员基于机床坐标系设计切削工件的刀具路径（即刀路），刀具按固定的刀路进给，才能完成工件的加工。因此，将一批工件安装在机床上时，必须保证它们在机床上具有相同固定的位置，才能确保所有工件的尺寸精度满足加工要求。

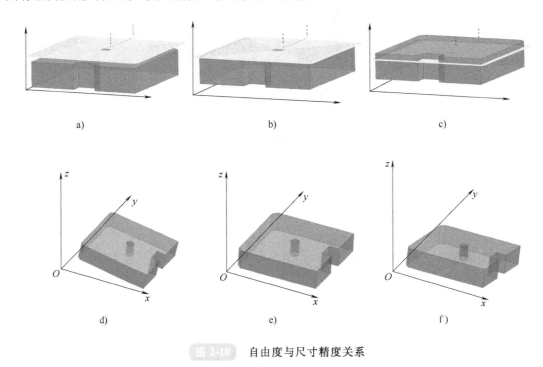

a)   b)   c)

d)   e)   f)

图 2-10 自由度与尺寸精度关系

如图2-10所示，带颜色路径表示切削工件上表面的刀路，在生产过程中，它的高度是固定不变的。如果生产过程中，各工件的安装高度不一致，会导致加工出来的零件厚度不同。图 2-10a 所示工件的安装位置较低，加工时刀具不能切削到工件，图 2-10b、c 所示工件的安装位置较高，刀具能切削到工件，但是由于它们安装的高度不同，导致切削后所得到的工件厚度不同。因此，在安装工件时，如果没有限制 $\vec{z}$ 自由度，会导致加工完后，得到不同的厚度的工件，直接影响工件 z 方向的尺寸精度。

如图 2-10f 所示，要求在工件上钻一个通孔，孔与工件上、下表面垂直。安装工件时，如果它的 $\hat{x}$、$\hat{y}$ 自由度没有被限制，则可能导致工件上、下表面与 xOy 坐标平面不平行，如图 2-10e、f 所示，钻出来的孔与工件上、下表面不垂直。因此，工件的 $\hat{x}$、$\hat{y}$ 自由度会影响孔的垂直度公差。

由上述例子可知，安装工件时，如果存在没有被限制的自由度，会影响工件相关尺寸精度。

1. 移动自由度对工件几何尺寸的影响

如图 2-11 所示，$A \pm \delta_a$，$B \pm \delta_b$，$C \pm \delta_c$ 是槽的位置尺寸。如果工件的 $\vec{z}$ 自由度没有被限

制，则加工时，每个工件在坐标系 z 方向的位置都不同,用相同刀路切槽，得到的槽深必不相同，$A\pm\delta_a$ 尺寸不能得到保证，因此必须约束 $\vec{z}$ 自由度。同理，为了保证 $B\pm\delta_b$、$C\pm\delta_c$ 两个尺寸精度，也需要分别限制 $\vec{y}$、$\vec{x}$ 两个自由度。

由此可知，工件的移动自由度会对几何尺寸产生影响，设计夹具时，需要根据实际情况，分析影响工件重要尺寸的自由度，并采取措施限制这些自由度，以保证工件加工精度满足设计要求。

2. 转动自由度对工件几何公差的影响

如图 2-11 所示，要求槽底面与工件底面的平行，槽的两个侧面要与工件的两个侧面平行，

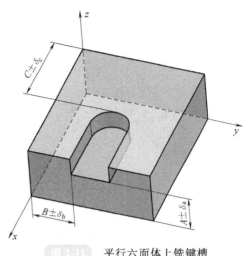

图 2-11　平行六面体上铣键槽

如果工件的 $\widehat{x}$、$\widehat{y}$、$\widehat{z}$ 自由度没有被限制，将工件安装在机床上时，则不能保证其底面与 xOy 坐标面平行，也就不能保证槽的上述工艺要求。因此，工件的转动自由度对于槽、孔等特征的几何公差会有影响，在设计夹具时，需要根据实际情况对相关自由度进行约束。表 2-4 列出了常见加工方式应被限制的自由度。

表 2-4　常见加工方式应被限制的自由度

工序简图	加工面	应被限制的自由度
	槽	$\vec{y}$、$\vec{z}$、$\widehat{x}$、$\widehat{y}$、$\widehat{z}$
	键槽	$\vec{x}$、$\vec{y}$、$\vec{z}$、$\widehat{y}$、$\widehat{z}$
	通孔	$\vec{x}$、$\vec{y}$、$\widehat{x}$、$\widehat{y}$、$\widehat{z}$
	不通孔	$\vec{x}$、$\vec{y}$、$\vec{z}$、$\widehat{x}$、$\widehat{y}$、$\widehat{z}$

（续）

工序简图	加工面	应被限制的自由度
	通孔	$\vec{x}$、$\vec{y}$、$\widehat{y}$、$\widehat{z}$
	不通孔	$\vec{x}$、$\vec{y}$、$\vec{z}$、$\widehat{y}$、$\widehat{z}$

任何条件下对工件的定位，应被限制的自由度数目不得少于三个，否则工件就得不到稳固的定位。例如，在圆球上铣平面，理论上只需消除一个移动自由度即可，但为使定位稳固，必须采用三点定位。

需要指出的是，除了根据工件的加工要求确定其定位时应被限制的自由度外，还必须考虑夹具结构设计上的要求，有时为了便于夹紧或合理安放工件，实际采用的支承点数目要多于理论上要求的支承点数目。

（二）完全定位

工件在夹具中的六个自由度全部被限制的定位方式，称为完全定位。工件在加工过程中需要进行完全定位时，夹具的定位元件（其实是定位系统）应使工件的六个自由度都得到相应的限制。例如，在图 2-11 所示的平行六面体上铣削不通键槽时，要使整批工件相对机床及刀具有一个确定的位置，必须采用六点定位，以保证加工精度要求。

小提示

一般情况下，当工件的工序内容在 x、y、z 方向上均有尺寸或几何精度要求时，需要在加工工位上对工件进行完全定位。

（三）不完全定位

通过上面的介绍已经知道，有些加工工序不需要对所有自由度进行限制，只要消除部分自由度即可满足加工要求，即不需要对工件进行完全定位。在工程上，把这种部分自由度被限制的定位方式，称为不完全定位。

其实，工程实践中允许存在不完全定位方式，一方面是因为某些自由度不影响工件的加工精度，采用不完全定位方式可简化夹具的定位装置；另一方面是因为某些自由度不便被消除，甚至无法消除。例如，在图 2-12 所示工件中，只规定了沉孔距工件几何中心的位置 R，加工时，只要保证沉孔中心位于以 R 为半径的圆周上即可，不需要保证它在圆周上的某一处的具体位置。因此，设计该工件的夹具时，不需要限制 $\widehat{z}$ 自由度。

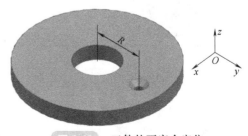

图 2-12 工件的不完全定位

（四）欠定位

夹具实际限制的自由度数目少于确保工件加工精度需要限制的自由度数目，称为欠定位。在欠定位情况下进行加工，必然无法保证工件的加工要求。欠定位不是一种正常的定位方式，它是一种定位错误。以图 2-13a 所示工件为例，若只对底面 M 进行三点定位，对其侧面 N 不进行定位，则不能保证铣削出来的槽底面、侧面与工件底面 M、侧面 N 平行，如图 2-13b 所示。

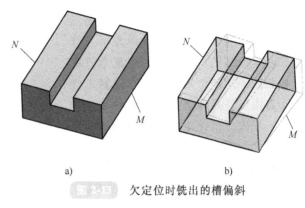

a)　　　　　　　　　b)

图 2-13　欠定位时铣出的槽偏斜

小提示

欠定位不能保证工件加工精度要求，在确定工件的定位方案时，绝不允许发生欠定位这样的原则性错误。

（五）重复定位

夹具上多个定位元件共同限制同一个自由度的现象，称为重复定位。重复定位会造成定位不准确，导致生产质量不稳定，应尽量避免。图 2-14 所示为轴瓦盖定位简图，V 形块可限制工件的 $\vec{y}$、$\hat{y}$、$\vec{z}$、$\hat{z}$ 四个自由度；支承钉 1、2 可限制工件的 $\vec{z}$、$\hat{x}$ 两个自由度。显然，对于 $\vec{z}$ 自由度是重复限制，属于重复定位。

小提示

由于定位基准面尺寸 R 和 H 存在误差，工件装入夹具后，$\vec{z}$ 自由度有时由支承钉 1、2 限制，有时由 V 形块限制。这样就造成了定位不稳定，使工件在夹具中的位置不确定。

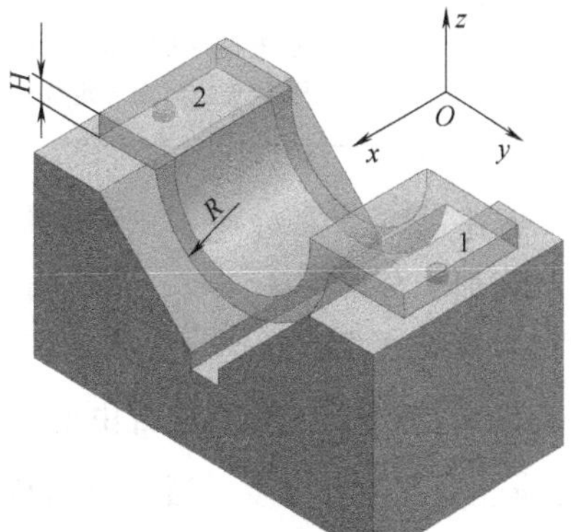

（六）重复定位的处理

图 2-14　轴瓦盖定位简图

工件在夹具中定位时，如果有重复定位的情况，会产生下列不良后果：

1）导致同批工件在夹具中的安装位置不统一，影响工件定位精度，从而降低生产质量的可靠性和稳定性。

2）阻碍工件顺利安装到夹具中，阻碍工件与定位元件相配合。

3）工件或定位元件受外力影响后产生变形，导致工件无法被夹紧，影响加工质量。

综上，在确定工件的定位方案时，应尽量避免重复定位。但在机械加工中，也有采用重复定位方式定位的，这就需要根据具体情况进行分析。

1. 根据工件定位基准面与定位元件接触的具体情况分析

图 2-15 所示为平面的重复定位。确定一个平面的位置只需要通过三个定位支承点限制

其 $\vec{z}$、$\widehat{x}$、$\widehat{y}$ 三个自由度。此时若采用三个支承钉就相当于三个定位支承点，是符合定位基本原理的。若采用四个支承钉定位，则相当于用四个定位支承点限制工件的三个自由度，是重复定位。这种定位是否允许，取决于工件定位基准面和四个支承点是否处于同一平面内，即取决于工件定位基准面与定位支承钉的接触情况。表2-5 列出了工件平面重复定位的处理方法。

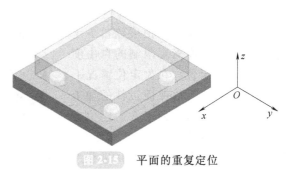

图 2-15 平面的重复定位

表 2-5 工件平面重复定位的处理方法

定位基准面	定位情况分析	处理方法
粗基准	如果工件的定位基准面是粗基准，则基准面有较大的平面度误差，将工件放在四个支承钉上，实际只与三个支承点接触。对一批工件来说，夹具与各个工件定位基准面相接触的三个支承点是不同的，造成定位不稳定和较大的位置变动，增大了定位误差。对于一个工件来说，若在夹紧力的作用下使定位基准面与四个支承钉全部接触，又会使工件产生变形	①撤去一个支承钉，改用三点支承 ②将四个支承钉之一改为高度可调的支承钉，它不起定位作用，但可以增加工件的安装刚度及稳定性
精基准	如果工件的定位基准面是精基准，则基准面的平面度精度较好，当四个支承钉高度一致时，工件定位基准面与定位支承钉能很好地贴合，这时四个定位支承钉既能起三个定位支承点的作用，也能提高工件定位的稳定性，减小工件受力后的变形，增加刚度，因而此时重复定位是被允许的	利用磨床将四个定位支承钉磨平，使它们的高度一致

2. 根据重复定位对工件安装所造成的结果分析

在加工套筒类工件时，常以内孔与端面组合作为定位基准。如图 2-16a 所示，工件内孔套在长心轴 A 上，端面靠在大端面支承凸台 B 上。长心轴 A 相当于四个定位支承点，限制了工件 $\vec{x}$、$\widehat{x}$、$\vec{z}$、$\widehat{z}$ 四个自由度。大端面支承凸台 B 相当于三个定位支承点，限制了工件 $\widehat{x}$、$\widehat{z}$、$\vec{y}$ 三个自由度。当长心轴与大端面支承凸台组合在一起定位时，相当于七个定位支承点，但实际上工件只需要被限制除 $\widehat{y}$ 外的五个自由度。其中 $\widehat{x}$、$\widehat{z}$ 被两个定位面重复约束，出现了重复定位。这种重复定位是否被允许，应根据重复定位造成的结果进行分析。表2-6 列出了套筒类工件重复定位的处理方法。

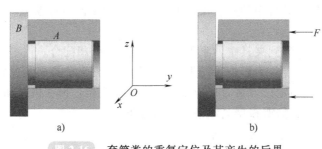

a)   b)

图 2-16 套筒类的重复定位及其产生的后果

表2-6 套筒类工件重复定位的处理方法

内孔与端面垂直度	情况分析	处理方法
高	如果工件上作为定位基准面的内孔与端面有很高的垂直度精度（一般定位心轴 A 与支承凸台面 B 的垂直度精度要高于工件），那么套上心轴后会使内孔与心轴、工件端面与支承凸台紧贴接触，如图 2-16a 所示。即使工件内孔与端面存在极小的垂直度误差，也可以由心轴与内孔的配合间隙得到补偿。由于工件定位基准之间保证了较高的位置精度，所以定位时不会产生干涉。定位元件仍只相当于五个定位支承点，实际上只约束工件 $\vec{x}$、$\vec{y}$、$\vec{z}$、$\widehat{x}$、$\widehat{z}$ 五个自由度。按定位基本原理分析，形式上属于重复定位，但是重复限制相同自由度的定位支承点之间并未产生干涉，这种重复定位在实际上是被允许的。采用这种定位方式，目的是提高工件在加工中的刚度和稳定性，有利于保证加工精度	无须处理
低	如果工件上作为定位基准的内孔与端面间的垂直度精度很差，那么将工件装入心轴后，工件与支承凸台上的位置情况如图 2-16b 所示。工件由长心轴保持与其内孔接触，可限制 $\vec{x}$、$\vec{z}$、$\widehat{x}$、$\widehat{z}$ 四个自由度；工件端面只能与支承凸台接触于一点，限制 $\vec{y}$ 一个自由度。工件一旦被夹紧，其端面必然与支承凸台平面接触（即三点接触）。要实现这种接触，只能使工件或心轴产生变形。这就是重复限制相同自由度的定位支承点之间产生干涉造成的结果。显然，不论工件还是夹具定位元件产生变形，其结果都将破坏工件的定位要求，造成加工误差。在夹具设计时，这种重复定位是不被允许的	采取避免重复定位的措施，具体见表2-7

表 2-7 列出了避免重复定位的措施。

表 2-7 避免重复定位的措施

措 施	图 示	相关说明
长心轴与小端面支承凸台组合		定位以长心轴为主，限制 $\vec{x}$、$\vec{z}$、$\widehat{x}$、$\widehat{z}$ 四个自由度，小端面限制 $\vec{y}$ 一个自由度
短心轴与大端面支承凸台组合		定位以大端面为主，限制 $\vec{y}$、$\widehat{x}$、$\widehat{z}$ 三个自由度，短心轴限制 $\vec{x}$、$\vec{z}$ 两个自由度
长心轴与浮动端面组合		定位以长心轴为主，限制 $\vec{x}$、$\vec{z}$、$\widehat{x}$、$\widehat{z}$ 四个自由度，浮动端面只限制 $\vec{y}$ 一个自由度

三、定位元件

（一）对定位元件的要求

夹具通过定位元件对工件进行定位，为保证工件制造的精度和质量的稳定性，定位元件应满足表 2-8 所列的基本要求。

表 2-8　定位元件的基本要求

基本要求	相关说明
高尺寸精度	定位元件的尺寸精度直接影响工件定位误差的大小，尺寸精度过低，会降低定位精度，尺寸精度过高，会增加制造难度，原则上它的精度等级应高于工件
高耐磨性	定位元件经常与工件接触，易磨损。为避免定位元件的磨损导致定位精度降低，定位元件的工作表面要求有一定的耐磨性。为此，定位元件一般用 20 钢，工作表面渗碳，渗碳层深度为 0.8~1.2mm，淬硬至 55~60HRC；或用 T7A、T8A 碳素工具钢，淬硬至 50~55HRC；或用 45 钢，淬硬至 40~45HRC
足够的刚度和强度	足够的刚度和强度可有效避免重力、夹紧力、切削力等导致定位元件变形或损坏
良好的工艺性	定位元件要便于制造与装配，工作表面结构要易于清除切屑，防止损伤定位基准表面。定位元件在夹具体上的布置要适当，以保证工件在夹具中定位稳定，且便于定位元件的更换或修理

（二）常用定位元件的选择

通常应根据工件定位基准的表面结构选择定位元件，常用定位元件的类型如图 2-17 所示。

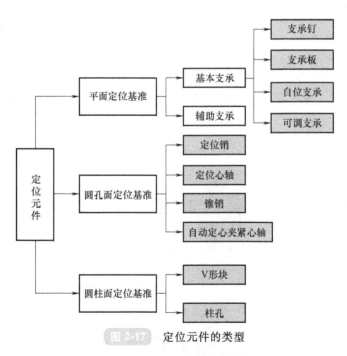

图 2-17　定位元件的类型

1. 平面定位基准面

在夹具设计中，以工件的平面作为定位基准面是常见的定位方式之一。工件以平面定位，通常用三个互成一定角度的支承平面作为定位基准面。以平面作为定位基准面时，定位元件的设计通常遵循下面几个原则：

1）定位元件通常使用支承钉或支承板。

2）对于基准面较小、刚度较差的工件，定位元件可使用连续平面。

3）定位基准是精基准，可根据定位基准面的形状误差大小和加工工艺要求，增大定位面的接触面积。

4）尽量增大定位元件的布局间距，以减小工件的转角误差。

当工件以平面作为定位基准面时，所用的定位元件称为支承件。支承件分为基本支承和辅助支承两类。

（1）基本支承　基本支承件是用以限制工件自由度、具有独立定位作用的支承，包括支承钉、支承板、自位支承、可调支承四种。

1）支承钉。

① 支承钉是基本定位元件，分析定位时，可以将它抽象成定位点，在实际生产中被广泛应用。支承钉结构尺寸已标准化，其现行行业推荐标准 JB/T 8029.2—1999 见附录 A。常用支承钉的结构类型及应用见表 2-9。

表 2-9　常用支承钉的结构类型及应用

结构类型	图示	应用说明
A 型		A 型支承钉为平头支承钉，适用于已加工平面的定位
B 型		B 型支承钉为球头支承钉，用于毛坯表面的定位，由于毛坯表面质量不稳定，为得到较为稳固的点接触，故采用球面支承。这种支承钉与工件形成点接触，接触应力较大，容易损坏工件表面，使工件表面留下浅坑。使用中应注意，尽量不用在负荷较大的场合
C 型		C 型支承钉为齿纹头结构，此类结构有利于增大摩擦力，使支承稳定可靠，但当其处于水平位置时容易积存切屑，影响定位精度，因此常用于侧面定位

② 支承板。工件上幅面较大、跨度较大的大型精加工平面，常被用作第一定位基准面，为使工件安装稳固可靠，多选用支承板作为夹具上定位元件的定位表面。表 2-10 所列为常用支承板的结构类型及应用范围，其现行行业推荐标准 JB/T 8029.1—1999 见附表 2。

表 2-10　常用支承板的结构类型及应用范围

结构类型	图示	应用说明
A 型		A 型为平面型支承板,其结构简单,表面平滑,对工件的移动不会造成阻碍,但沉孔处易残存切屑且不易清理,因此多用于工件的侧面、顶面及不易存屑方向上的定位
B 型		B 型支承板为带屑槽式支承板,是在 A 型支承板基础上做了改进,表面上开出 45°的容屑槽,并把螺钉沉孔设置在容屑槽中,使切屑不易留存在支承板的工作面上。此种结构有利于清除切屑,即使工件的表面上粘有碎屑,也会因工件与支承板的相对运动而使切屑被槽边刮除,难以进入定位面

　　2) 自位支承。自位支承是指能够根据工件表面实际情况,自动调整支承方向和接触部位的浮动支承。自位支承是由浮动球面、摆动杠杆或滑动斜面等结构组成的浮动结构。

　　自位支承具有如下作用:

　　① 保证不同接触条件下的稳固接触,提高工件安装的稳定性。

　　② 增大支承点的局部刚度。

　　③ 消除重复定位所造成的夹紧弹性变形。

　　如图 2-18 所示,在端面长销定位中利用浮动球面垫圈副来消除重复约束,避免由于工件端面与轴线垂直度误差过大而引起心轴弯曲变形。它适合于各类复杂曲面的点定位。

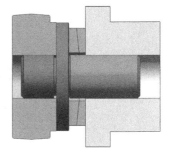

图 2-18　自位支承消除重复约束

　　常用自位支承及应用见表 2-11。

表 2-11　常用自位支承及应用

结构类型	图示	应用说明
球面副浮动支承		该结构利用凹球面座与浮动头凸球面相接触,其接触应力较小,耐磨损,可承受较大载荷,但该结构的摆动灵敏度差,对浮动头的摩擦较大,且内、外球面副的制造较困难,一般应用于重载荷情况下

（续）

结构类型	图示	应用说明
球面锥座式浮动结构	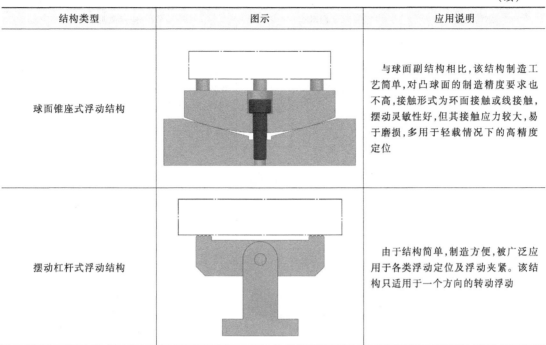	与球面副结构相比,该结构制造工艺简单,对凸球面的制造精度要求也不高,接触形式为环面接触或线接触,摆动灵敏性好,但其接触应力较大,易于磨损,多用于轻载情况下的高精度定位
摆动杠杆式浮动结构		由于结构简单,制造方便,被广泛应用于各类浮动定位及浮动夹紧。该结构只适用于一个方向的转动浮动

3）可调支承。可调支承是指支承高度可以调节的定位支承。调节支承高度意味着支承点即定位点位置的改变。

可调支承的使用如下：

① 针对不同批量的工件，当毛坯质量差异较大时，可以使用可调支承进行统一定位。

② 当不同规格的同类工件，需要夹具改变某一尺寸的定位要求时，可以调整可调支承来满足新工件的定位要求。

为满足可调支承的工作要求，可调支承结构上应具备三个基本功能，即支承、调整和锁定。

支承是最基本功能；调整应均匀、精确，通常应用等距螺纹结构调整；锁定要保证调整好的定位高度在切削振动条件下不发生改变。

可调支承的常用结构及应用见表 2-12。

表 2-12　可调支承的常用结构及应用

结构类型	图示	应用说明
六头支承		适用于工件支承部位空间尺寸较大的情况,其螺纹规格一般为 M5~M36。现行行业推荐标准 JB/T 8026.1—1999 见附表 3

（续）

结构类型	图示	应用说明
调节支承		适用于工件支承空间比较紧凑的情况，其螺纹规格一般为 M5～M36。现行行业推荐标准 JB/T 8026.4—1999 见附表 4
圆柱头调节支承		该结构中的滚花手动调节螺母具有快速调节功能，所以也经常用来作为辅助支承元件。现行行业推荐标准 JB/T 8026.3—1999 见附表 5
顶压支承		一般用作重载下的支承，其螺纹为左旋梯形螺纹，需配用专用左旋螺套及螺母。螺纹规格有 Tr16、Tr20、Tr24、Tr30、Tr36 五种。现行行业推荐标准 JB/T 8026.2—1999 见附表 6

（2）辅助支承　为提高工件的安装刚性及稳定性，防止工件的切削振动及变形，或是为工件的预定位而设置的非正式定位支承称为辅助支承。辅助支承不起定位作用，即不限制工件的自由度。

图 2-19 所示的工序需铣削顶平面，以保证高度尺寸。加工时，选择工件较窄的底部作为主要定位基准面。考虑到工件的左端悬伸部分厚度较薄，刚性较差，为防止工件左端在切削力作用下产生变形和铣削振动，在该处设置了辅助支承，来提高工件的安装刚性和稳定性。

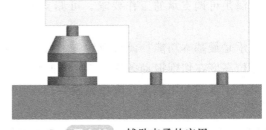

图 2-19　辅助支承的应用

2. 圆孔面定位基准面

生产中，常常将套筒类、盘盖类工件的圆孔表面作为主要定位基准面。夹具上为圆孔所提供的常用定位元件主要有定位销、定位心轴、锥销及各类自动定心机构。

（1）定位销　当箱体类和盖板类工件以圆柱孔作为定位表面时，最常用的夹具定位元件就是各类圆柱定位销。对于工件上较大尺寸（$D>50mm$）的定位孔，圆柱定位销的尺寸及结构需要根据工件的定位要求及定位孔的尺寸公差带来确定，而对于在常用尺寸范围（D 为 1～50mm）内的圆柱销，由于应用广泛，均已标准化。各类定位销的图示及标准见表 2-13。

表 2-13　各类定位销的图示及标准

名称	图示	标准
小定位销	D=1～3mm A型　　B型  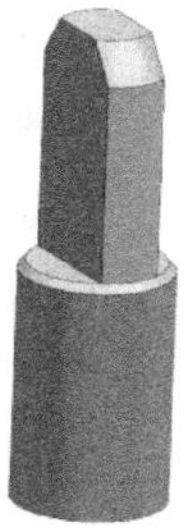	JB/T 8014.1—1999(附表 7)
固定式定位销	A型 D>3～10mm　D>10～18mm　D>18mm  B型 D>3～10mm　D>10～18mm　D>18mm 	JB/T 8014.2—1999(附表 8)
可换定位销	A型  B型 	JB/T 8014.3—1999(附表 9)

（续）

名 称	图 示	标 准
定位插销	A型 $d \leq 35mm$ $d > 35mm$ B型	JB/T 8015—1999（附表10）

小提示

① A 型销为圆柱销，B 型销为削边销。

② B 型削边销的削边结构是为解决销的重复定位及干涉面而设计的。

③ 小定位销、固定式定位销靠夹具安装与销体安装部分孔间 H7/r6 过盈配合，压入夹具体内。

④ 可换定位销依靠与过渡衬套的 H7/h6 间隙配合来安装，并用螺母紧固，夹具体安装孔与衬套外径保持 H7/h6 的间隙配合。

⑤ 定位销的工作部分外径尺寸公差根据具体的定位安装精度要求分别按 r6、h6、f7来制造。

（2）定位心轴　定位心轴常用来对内孔尺寸较大的套筒类、盘类工件进行定位。定位心轴的类型较多，在大批量生产中，应用较为广泛的典型结构有间隙配合心轴、过盈配合心轴、锥度心轴，具体内容见表 2-14。

表 2-14　定位心轴的典型结构及应用

类型	图 示	应用说明
间隙配合心轴		轴向尺寸较长的心轴以外圆柱面为工件的内孔提供定位安装的位置依据。心轴与工件内孔一般按 h6、g6、f7来制造。由于工件与心轴间存在配合间隙，所以定心精度较差
过盈配合心轴		心轴工作部分直径一般按 r6 来控制最大过盈量。定心精度高是其最大特点，但不便于工件装卸，操作不当易损伤工件内孔。另外，采用该结构定位时，切削力也不宜过大，且对定位孔的尺寸精度要求较高

（续）

类型	图示	应用说明
锥度心轴 （JB/T 10116—1999）	适用于孔径为8～50mm的工件 适用于孔径为52～100mm的工件	作为一种标准心轴,其在高精度定位中被广泛采用,但当整批工件内孔尺寸公差较大时,会造成不同工件在心轴上楔紧后的轴向安装位置有较大的差异

小提示

　　各类心轴与工件接触的轴向尺寸较长,一般理解为长销定位,可限制工件四个自由度。

　　（3）锥销　作为工件的圆柱孔、圆锥孔的定位依据,锥销有顶尖和圆锥销两类。

　　不同类型的普通顶尖及内拨顶尖广泛地应用于车床、磨床、铣床等机床上,完成对各类工件圆孔的定位,其中夹具标准内拨顶尖（图2-20a）现行行业推荐标准 JB/T 10117.1—1999 见附表11,夹具标准夹持式内拨顶尖（图2-20b）现行行业推荐标准 JB/T 10117.2—1999 见附表12。

小提示

　　定位中的顶尖不产生轴向移动时,起三个点的约束作用,限制工件三个移动自由度。当工件另一端采用活动顶尖顶住工件顶尖孔时,对工件起两点约束作用,对整个工件而言,它限制了工件两个转动自由度。

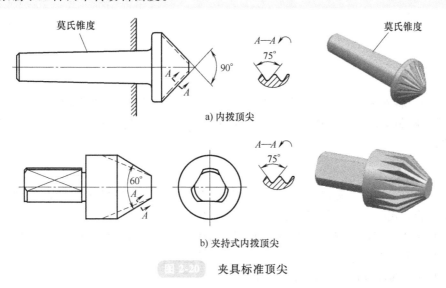

a) 内拨顶尖

b) 夹持式内拨顶尖

图 2-20　夹具标准顶尖

图2-21 所示为两种圆锥销用于工件圆柱孔端的定位情况。

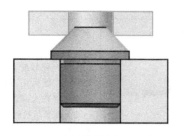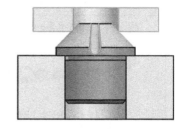

a) 用于精基准定位　　　　　　　　b) 用于粗基准定位

图 2-21　圆锥销定位

（4）自动定心夹紧心轴　在机床夹具中，广泛地应用着各种类型的自动定心夹紧结构，这类结构在夹紧工件的过程中，对工件的内、外圆表面进行自动定心定位，例如在车削和磨削夹具中的各类弹性夹头。由于这类定心结构同时具有夹紧作用，故称自动定心夹紧机构。

图 2-22 所示为一种自动定心夹紧心轴，安装工件时，拧紧螺母，螺杆在螺纹作用下使右楔块圆锥和左楔块圆锥产生轴向相对移动，从而推动前楔块组和后楔块组（每组三块）的六块楔块，沿径向同步地挤向工件，直至所有楔块均挤紧工件为止，完成对工件内孔前、后端的自动定心及夹紧工作。

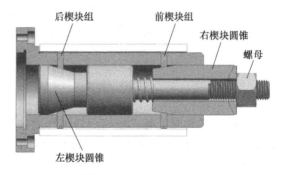

自动定心夹紧心轴

图 2-22　自动定心夹紧心轴

小提示

心轴的前后支承部共限制工件的四个自由度（两个移动自由度和两个转动自由度），心轴轴肩部限制工件的一个移动自由度，仅有一个转动自由度未被消除，但不影响车磨工件的外圆。

3. 外圆柱面定位基准面

在加工轴类工件时，常以工件外圆柱面作为定位基准面，根据外圆表面的完整程度、加工要求和安装方式，可用 V 形块、圆柱孔等进行定位。

（1）V 形块　当以外圆柱面作为定位基准面时，V 形块以其结构简单，定位稳定、可靠，对中性好而获得广泛应用。不论是局部的圆柱面，还是完整的圆柱面，利用 V 形块（或 V 形结构）都可以得到良好的定位效果。

采用 V 形块定位时，通过成角度的两个斜面与工件圆柱面接触，实现对工件自由度的约束，此时工件圆柱面的轴线始终位于 V 形块两工作斜面的对称中心平面内，习惯上将其称为工件的对中性。因此，在有严格对称加工要求的铣削和钻削加工工序中，广泛应用各种 V 形块作为定位元件。

V 形块的常用结构如图 2-23 所示。图 2-23a 所示的 V 形块多用于较短的精基准定位，可限制两个自由度。图 2-23b 所示为间断式结构的 V 形块，用于基准面较长且经过加工的定位基准面，可限制四个自由度。图 2-23c 所示为可移组合式 V 形块，适用于基准面较长或两端基准面相隔较远的工件定位。图 2-23d 所示为工件定位基准面直径较大而制作的大型镶装工艺淬硬钢片的 V 形块。图 2-23e 所示为以粗基准定位或阶梯形圆柱面定位用的刀形 V 形块。

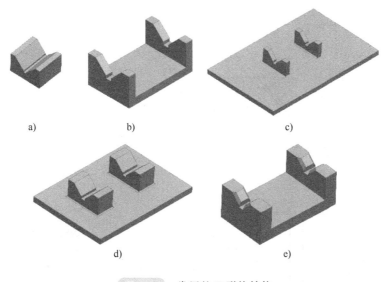

a)　　　　　　　　b)　　　　　　　　c)

d)　　　　　　　　e)

图 2-23　常用的 V 形块结构

当工件以局部曲面参与定位时，V 形块往往成为首选定位元件。另外，V 形块也可以做成活动定位结构，如图 2-24 所示，固定 V 形块为工件提供两点约束，限制了两个移动自由度和两个旋转自由度，活动 V 形块可提供一个定位点，起到防转作用（限制一个旋转自由度），还兼作夹紧元件，具有定心夹紧功能。

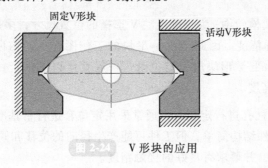

固定V形块　　　　　　活动V形块

图 2-24　V 形块的应用

常用 V 形块两工作斜面间的夹角一般分为60°、90°、120°三种，其中 90°角的 V 形块应用最多，其结构及规格尺寸均已标准化，见附表 13～16。

标准 V 形块的规格以 V 形槽开口宽度 N 来划分，如图 2-25 所示。同一开口尺寸的 V 形块，可适用于不同轴径 D 的工件，例如 N 为 24mm 的 V 形块，可适合于直径范围为 20～25mm 的工件。但由于工件直径不同，其工件中心高（或称工件的轴线高度）T 也不同，具体计算公式为

$$T = H + 0.707D - 0.5N$$

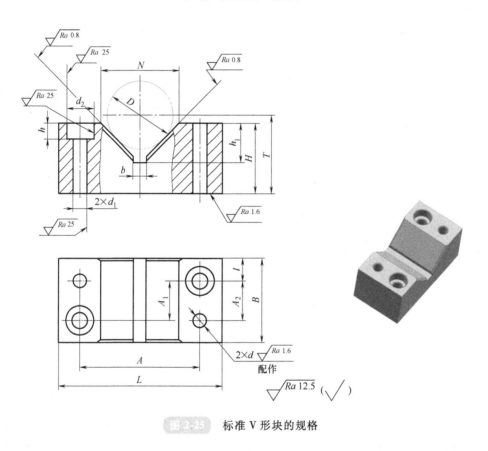

图 2-25 标准 V 形块的规格

小提示

在 V 形块的制造及检验中，为正确反映 V 形槽的位置尺寸，多用标准心轴的轴线高度 T 来检验 V 形块的位置精度。因此，在 V 形块的工作图样上，均标有此项检验尺寸及对应的检验心轴的尺寸。当 V 形块用于定位时，一般直接以工件定位轴颈的轴线高度来体现 V 形块的定位基准高度。

（2）圆柱孔　用圆柱孔进行定位时，通常采用定位套进行精基准定位，如图 2-26 所示。这种定位方法的定位元件结构简单，但工件可能产生径向的位移和倾斜误差。为保证轴向定位精度，常与端面配合，并要求有良好的接触精度。

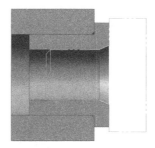

图 2-26　定位套定位

小提示

对于大型轴类工件，还可考虑采用两个半圆套作为定位元件，如图 2-27 所示，上半圆孔起夹紧作用，下半圆孔起定位作用。需要指出的是，下半圆孔的最小直径应为工件定位基准外圆的最大直径。

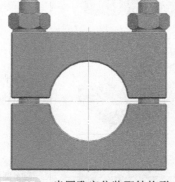

图 2-27　半圆孔定位装配结构形式

（3）组合定位　工件通常由各种几何形体组合而成，生产实际中，在大多数情况下，都不能只用单一类型表面的定位方式来定位，而是以工件的两个或两个以上表面作为定位基准面，形成组合定位。采用组合定位时，应避免重复定位。

典型的组合定位方式有三个平面组合、一个平面和一个圆柱孔组合、一个平面和一个外圆柱面组合、其他组合等，见表 2-15。

表 2-15　组合定位

定位	图　示	说　明
三个平面组合		长方体形工件若要实现完全定位，需要用三个互成直角的平面作为定位基准面。定位支承按图示的规则布置，称为三基面六点定位

（续）

定 位	图 示	说 明
一个平面和一个圆柱孔组合	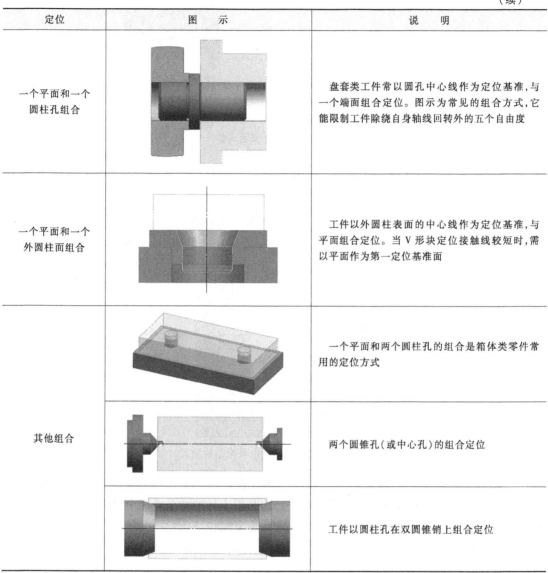	盘套类工件常以圆孔中心线作为定位基准,与一个端面组合定位。图示为常见的组合方式,它能限制工件除绕自身轴线回转外的五个自由度
一个平面和一个外圆柱面组合		工件以外圆柱表面的中心线作为定位基准,与平面组合定位。当 V 形块定位接触线较短时,需以平面作为第一定位基准面
其他组合		一个平面和两个圆柱孔的组合是箱体类零件常用的定位方式
		两个圆锥孔(或中心孔)的组合定位
		工件以圆柱孔在双圆锥销上组合定位

　　需要指出的是,组合定位时,应根据具体加工要求对定位元件的结构做出必要的改进。例如,在采用一个平面和两个圆柱孔的组合定位方式时,定位元件通常为一个大平面、一个短圆柱销和一个削边销。

　　为了适应加工定位的需要,工件除采用上述典型表面作为定位基准面外,有时还采用特殊表面作为定位基准面,例如 V 形导轨槽面、燕尾导轨面、齿形面等。

小拓展

　　工件的定位是多个几何元素共同作用的结果,单个几何元素难以准确定位工件,这也体现了协同、团结、精诚合作的重要性。在学习过程中,同学们团结互助,有助于学习效率的提升,在工作过程中,各部门相互协同,精诚合作有助于生产质量的提高。

四、定位误差的产生及组成

夹具设计时，根据六点定则，通过定位元件与工件定位基准面的接触或配合，确定工件在夹具中的位置。那么，这个位置的准确程度如何呢？

其实，定位只解决了工件在夹具中位置"定与不定"的问题。由于定位元件及工件定位基准面存在制造误差，各工件在夹具中的安装位置可能发生变化。例如，有轴 1、轴 2 两个工件，它们的理论直径相同，但加工后的实际直径不同，把它们放在同一个 V 形块上，实际直径的差异使它们的几何中心点 O_1、O_2 的高度不同，如图 2-28 所示。因此，夹具对工件的定位还存在"准与不准"的问题，即定位误差大小问题。

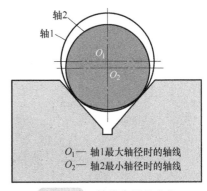

O_1— 轴1最大轴径时的轴线
O_2— 轴2最小轴径时的轴线

图 2-28　轴线位置的变化

（一）基准的概念和分类

基准是用来确定工件上几何要素间的相互关系所参照的点、线、面，是测量、计算几何要素空间位置的起点。

根据应用场合的不同，可将基准分为设计基准和工艺基准。其中，工艺基准又包括工序基准、定位基准、测量基准和装配基准，如图 2-29 所示。

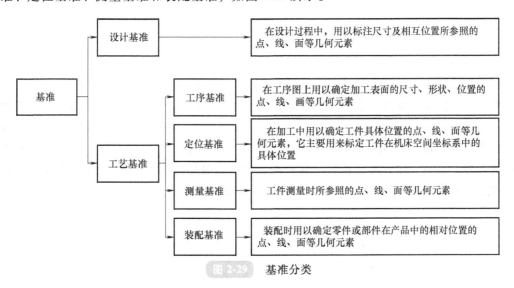

基准	设计基准	在设计过程中，用以标注尺寸及相互位置所参照的点、线、面等几何元素
	工艺基准	工序基准：在工序图上用以确定加工表面的尺寸、形状、位置的点、线、画等几何元素
		定位基准：在加工中用以确定工件具体位置的点、线、面等几何元素，它主要用来标定工件在机床空间坐标系中的具体位置
		测量基准：工件测量时所参照的点、线、面等几何元素
		装配基准：装配时用以确定零件或部件在产品中的相对位置的点、线、面等几何元素

图 2-29　基准分类

1. 工序基准

工序基准是在工序图上用以确定加工表面的尺寸、形状和位置的基准。在图 2-30 所示的工序图中，对于加工平面的位置标注，图 2-30a 是以圆柱轴线为基准，图 2-30b 是以圆柱下母线为基准，因此图 2-30a 所示的工序基准是圆柱轴线，图 2-30b 所示的工序基准是圆柱下母线。

2. 定位基准

定位基准是用来确定工件在夹具中位置的基准。图 2-31a 所示工件上的面 1、2、3 是工

图 2-30 工序基准

件的定位基准，它们形成三基面基准体系，图 2-31b 所示工件的轴线是定位基准。

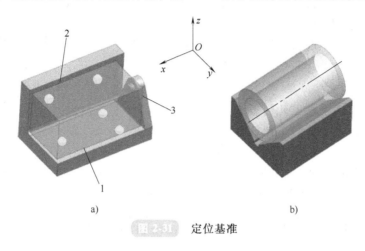

图 2-31 定位基准

（二）定位误差及其产生原因

定位误差是由工件在夹具中的定位不准确造成的加工误差。

要说明定位误差及其产生原因，必须从工件的加工方法谈起。使用夹具时，往往采用调整法，加工工件前，通过标准块、对刀仪等确定刀具相对工件定位基准的位置，并进一步确定刀具切削路径和工件相对位置，刀路相对位置一经确定，就不再变动。以图 2-32 所示的键槽铣削加工为例，加工前，通过标准块确定键槽刀路相对圆柱定位基准（轴线）相对位置，然后用此刀路对一批工件进行逐个铣削，完成键槽的加工。

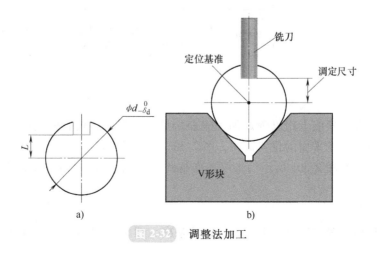

图 2-32 调整法加工

当以工件定位基准作为工序基准时，在某些情况下，工件形状误差会导致定位基准在一定范围内变化，使工件的工序尺寸也产生变化。

如图 2-32 所示，键槽底面高度以圆柱轴线作为基准进行标注（图 2-32a），此时，圆柱轴线是工序基准。当工件以 V 形块作为定位元件时，工件的定位基准也是圆柱轴线（图 2-32b），此时工序基准和定位基准都是圆柱轴线。由于存在制造误差，允许工件直径在公差范围内变化，使工件的定位基准也在 z 方向上的某个范围内产生变化，槽键工序尺寸 L 也因此产生变化（加工过程中刀路位置固定）。我们把这种因工件定位导致的工序尺寸误差称为定位误差，用符号 Δ_D 表示。

除了定位基准面的制造误差以外，定位元件的制造误差、定位元件与定位基准面的配合间隙也是定位误差的产生原因，如图 2-33 所示。

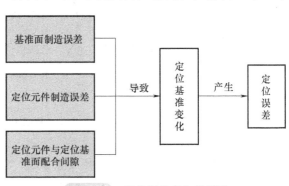

图 2-33　定位误差产生的原因

由上述分析可知，产生定位误差的条件有：

1）工序尺寸直接或间接以定位基准作为工序基准。

2）批量加工过程中，因工件定位原因，工件的尺寸偏差会导致定位基准的位置发生变化。

小提示

定位误差问题只产生在按调整法加工零件的过程中，如果按试切法逐件加工，则不存在该问题。

引导问题 4

仔细分析定位误差产生原因，思考以下问题：

由上面的分析可知，产生定位误差的根本原因是_____产生变化，因此，要避免产生定位误差，要从_____，_____和_____三个方面着手考虑。

（三）定位误差的组成

定位误差一般由基准不重合误差和基准位移误差两部分组成。

1. 基准不重合误差 Δ_B

基准不重合误差是工件工序基准与定位基准不重合引起的误差，用符号 Δ_B 表示。采用夹具定位工件时，如果工件的定位基准与工序基准不重合，则存在基准不重合误差 Δ_B，其值的大小等于两基准间尺寸（即定位尺寸）公差在加工尺寸（即工序尺寸）方向上的投影。

图2-34 所示，键槽底部的工序基准为圆柱（工件）下母线，若工件采用圆柱轴线作为该工序的定位基准，显然，工序基准与定位基准不重合，该定位方案存在基准不重合误差

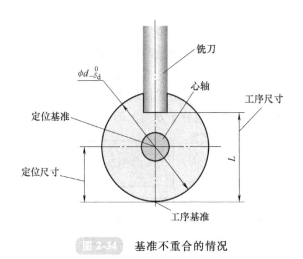

图 2-34   基准不重合的情况

Δ_B。此误差实际上是同一批工件直径尺寸 $\phi d_{-\delta_d}^{0}$ 变化所引起的加工尺寸误差，其值为两基准间尺寸（定位尺寸）的公差值：$\Delta_B = \delta_d / 2$。

小提示

当定位尺寸为单独的一个尺寸时，其定位尺寸公差可直接得出。当定位尺寸由一组尺寸组成时，则定位尺寸公差可按尺寸链原理求出，即定位尺寸公差等于这一尺寸链中所有组成尺寸公差之和。

基准不重合误差的大小，只取决于工件定位基准的选择，与其他因素无关。要减小该误差值，只有提高两基准之间的加工精度。要消除这个误差，就必须使定位基准与工序基准重合，如图 2-35 所示，以圆柱（工件）下母线作为定位基准。此时，如果不考虑其他因素的影响，则不论工件的外径尺寸如何变化，其同一批工件的加工尺寸是稳定不变的。

对于图 2-1 所示键槽来说，由于工序基准为工件轴线，定位基准也为工件轴线，两者重合，故定位时不存在基准不重合误差。

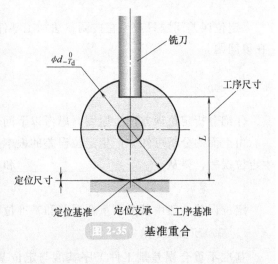

图 2-35   基准重合

2. 基准位移误差 Δ_W

基准位移误差是由工件加工误差引起的基准位移。采用夹具定位时，由于工件定位基准面不可避免地存在加工误差，或者它与定位元件存在配合间隙，致使工件定位基准在夹具中相对于定位元件工作表面的位置产生变化，从而形成基准位移误差，用符号 Δ_W 表示。因此，求解 Δ_W 的关键在于找出定位基准在工序尺寸方向上的最大移动量。

小提示

　　一般情况下，用已加工的面作为定位基准面时，因表面不平整而引起的基准位移误差较小，在分析和计算误差时不予考虑。

　　如图 2-36 所示，工件以外圆柱面在 V 形块上定位进行孔加工。

　　分析图样可知，本工序的工序基准和定位基准都是工件轴线，工序基准与定位基准重合，该定位方案没有基准不重合误差 Δ_B。但是，由于工件的直径 d 有尺寸偏差存在，对于各个具体工件而言，其定位基准将分布在垂直方向的某个范围内，故将引起定位误差。

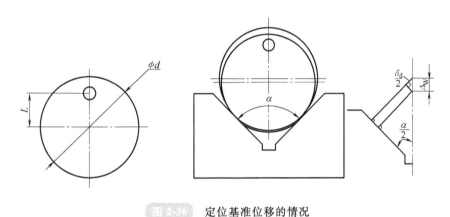

图 2-36　定位基准位移的情况

　　不难理解，Δ_W 值等于定位基准分布的最大范围，对于图 2-35 所示定位方案来说，它等于工件直径分别为最大、最小值时轴线间的距离，即

$$\Delta_W = \delta_d / \left(2\sin\frac{\alpha}{2} \right)$$

　　至此，完成了基准不重合误差和基准位移误差的分析介绍，在设计夹具定位方案时，通过对上述两项误差的综合计算便可得知定位方案的定位误差。

小提示

　　基准不重合误差、基准位移误差均为带方向的矢量。若计算定位误差时不能预先知道各矢量的方向，一般只需计算各矢量的最大值，并将代数值叠加求得定位误差值。

引导问题 5

　　1）如图 2-37 所示，已知工件尺寸 A_1 已符合要求，现以 A 面作为定位基准面，铣削加工缺口，保证尺寸 A_2，并回答以下问题：

　　① 工件的定位基准是＿＿＿＿＿＿，尺寸 A_2 的工序基准是＿＿＿＿＿＿。

　　② 定位基准和尺寸工序基准（　　　）。

　　A. 重合　　B. 不重合

③（　　）基准不重合误差。如果存在基准不重合误差，则 $\Delta_B =$ _____。

A. 存在　　　B. 不存在

④（　　）基准位移误差。如果存在基准位移误差，则 $\Delta_W =$ _____。

A. 存在　　　B. 不存在

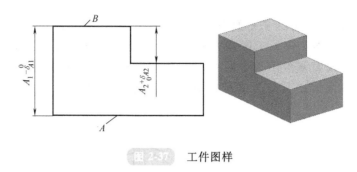

图 2-37　工件图样

2）分析并回答以下问题：

① 基准不重合误差产生的必要条件是什么？

_____

_____

② 基准位移误差产生的必要条件是什么？

_____

_____

五、定位综合分析

保证工件的定位精度和加工质量稳定是夹具的主要作用之一，设计夹具时，当确定定位方案、定位元件后，需要判断本工序是否有足够的定位精度。

一般来说，定位误差是使用夹具夹紧、定位工件并进行加工时产生的一项最主要误差。通常情况下，若能将定位误差控制在加工尺寸公差的 1/3 以内，就可以保证使用夹具加工具有足够的定位精度。计算定位误差时，应先分别计算基准不重合误差和基准位移误差，再按几何关系将它们合成，最终得到定位误差。

小提示

工件结构千变万化，定位方案多种多样。不过，万变不离其宗，掌握典型表面定位的误差分析方法至关重要。

（一）工件以平面定位

工件以平面定位时，基准位移误差是由定位表面的平面度误差引起的。在一般情况下，用已加工过的平面作为定位基准时，其基准位移误差可不予考虑，即 $\Delta_W = 0$。因此，工件以平面定位时可能产生的定位误差，一般是基准不重合误差。当然，若基准重合，则 $\Delta_B = 0$。

分析和计算基准不重合误差的关键在于找出工序基准与定位基准之间的定位尺寸，其尺寸公差值即为基准不重合误差。

【例 2-1】 如图 2-38 所示，在铣床上铣削工件的台阶面，要求保证工序尺寸（20±0.15）mm。试分析和计算该定位方案的定位误差，并判断该定位方案是否可行。（注：B 面是已加工表面。）

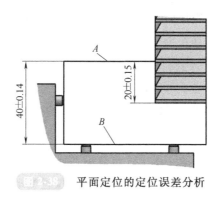

图 2-38 平面定位的定位误差分析

引导问题6

1）如图 2-38 所示，工序尺寸（20±0.15）mm 的定位基准是_____面，工序基准是_____面。

2）工序尺寸（20±0.15）mm 的工序基准和定位基准（   ）。

A. 重合   B. 不重合

3）（   ）基准不重合误差。如果存在基准不重合误差，则 $\Delta_B =$ _____。

A. 存在   B. 不存在

4）（   ）基准位移误差。如果存在基准位移误差，则 $\Delta_W =$ _____。

A. 存在   B. 不存在

5）此工件的定位误差 $\Delta_D =$ _____。

6）定位误差 Δ_D（   ）工序尺寸（20±0.15）mm 公差的 1/3。

A. 大于   B. 小于

7）此定位方案（   ）要求。（参考拓展知识：加工误差的组成。）

A. 满足   B. 不满足

8）如果不满足要求，应该如何改进？将改进方案记录下来。

_____

_____

_____

（二）工件以圆柱孔定位

工件以圆柱孔定位时，定位基准是孔的轴线。通常采用心轴作为定位元件，由于工件受力方向或采用的定位元件不同，所产生的定位误差也不相同。

1. 工件以圆柱孔在无间隙配合心轴上定位

工件以圆柱孔在过盈配合心轴、小锥度心轴和弹性心轴上定位时，由于定位副间不存在径向间隙，故可认为圆柱孔的中心线与心轴的中心线重合，因此没有基准位移误差，即$\Delta_W = 0$。

在此情况下，定位误差的计算便成为基准不重合误差的计算，即 $\Delta_D = \Delta_B$。

2. 工件以圆柱孔在间隙配合心轴上定位

工件以圆柱孔在间隙配合心轴上定位时,因心轴的放置位置不同或工件所受外力合力的作用方向不同,孔与心轴有固定单边和任意边两种接触方式。

(1)圆柱孔与心轴固定单边接触　定位副之间有径向间隙,且间隙只存在于单边并固定在一个方向上。例如图 2-39 所示的 z 方向。

小提示

为了安装工件方便,设计时,应确保定位副间的最小安装间隙 X_{min},即 $X_{min} = D_{min} - d_{max} = D - d$。

不难理解,当圆柱孔最大直径(D_{max})与最小心轴直径(d_{min})相配合时,将出现最大间隙(X_{max}),如图 2-40a 所示。这种情况下孔的轴线位置变动量最大,如图 2-40b 所示,为基准位移误差,即

$$\Delta_W = \frac{1}{2}X_{max} = \frac{1}{2}(D_{max} - d_{min}) = \frac{1}{2}\left[(D_{min} + T_D) - (d_{max} - T_d)\right] = \frac{1}{2}(X_{min} + T_D + T_d)$$

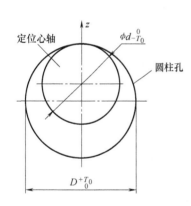

图 2-39　圆柱孔与心轴固定单边接触

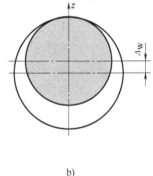

图 2-40　固定单边接触时的基准位移误差

小提示

X_{min} 是常量,属于常值系统误差。这个数值可以在调整刀具位置时预先加以考虑,消除其对基准位移误差的影响,故 $\Delta_W = \frac{1}{2}(T_D + T_d)$。

(2)圆柱孔与心轴任意边接触　定位副之间有径向间隙,但圆柱孔对于心轴可以在间隙范围内做任意方向、任意大小的位置变化,如图 2-41 所示。

同样不难理解,孔轴线的最大位置变动量即为基准位移误差。圆柱孔轴线的变动范围为以最大间隙 X_{max} 为直径的圆柱体,最大间隙发生在圆柱孔直径最大与心轴直径最小相配合时,且方向是任意的,如图 2-42 所示。

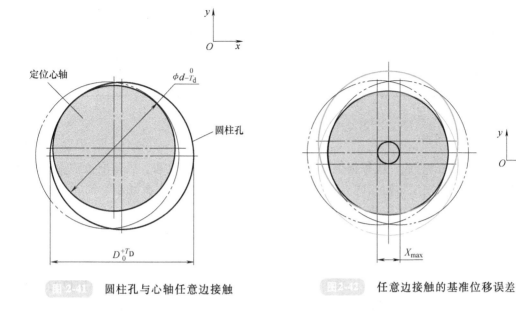

图 2-41　圆柱孔与心轴任意边接触

图 2-42　任意边接触的基准位移误差

$$\Delta_Y = X_{min} + T_D + T_d$$

小提示

任意边接触的基准位移误差是固定单边接触时基准位移误差的两倍。因其误差的方向是任意的，X_{min} 无法在调整刀具时预先予以补偿，故无法消除其对基准位移误差的影响。

以上分析了在不同情况下工件以圆柱孔定位时的基准位移误差计算方法。而基准不重合误差的存在与否，取决于工件的定位基准是否与工序基准重合。

【例 2-2】　如图 2-43 所示，在轴套上铣削键槽，定位心轴水平放置，工件在外力作用下，其圆柱孔与心轴的上母线接触。试求图中标注的工序尺寸 H_1、H_2、H_3 的定位误差。

引导问题 7

1）指出图 2-43 所示工件的定位基准。

2）指出工序尺寸 H_1、H_2、H_3 的工序基准。

3）工序尺寸 H_1、H_2、H_3 是否存在基准不重合误差？如果存在，计算出误差值。

4）工序尺寸 H_1、H_2、H_3 是否存在基准位移误差？如果存在，计算出误差值。

5）计算工序尺寸 H_1、H_2、H_3 的定位误差。

6）将上述结果填入表 2-16。

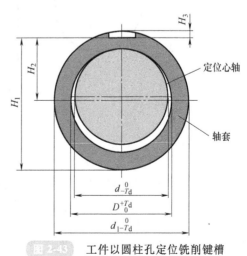

图 2-43　工件以圆柱孔定位铣削键槽

表 2-16　定位误差的分析与计算

工序尺寸	定位基准	工序基准	基准不重合误差 Δ_B	基准位移误差 Δ_W	定位误差 Δ_D
H_1					
H_2					
H_3					

小提示

　　1) 两项误差的合成，应根据误差的实际作用方向取其代数和。当基准位移误差和基准不重合误差使工序尺寸向相同方向变化（同时使工序尺寸增大或减小）时，取它们的代数和，否则取它们的代数差。

　　2) $X_{\min}$ 可在调整刀具位置时消除。

（三）工件以外圆柱面定位

　　工件以外圆柱面定位时，可以采用定心定位，也可以采用支承定位。定心定位的分析和计算方法与工件以圆柱孔定位相同，支承定位的分析和计算方法则与工件以平面定位相同。下面主要分析工件以外圆柱面在 V 形块上定位的定位误差。

　　如图 2-44 所示，对于一批工件，如果存在外圆柱直径加工误差，则必将引起工件的轴线在 V 形块对称面内的位置变动，即基准位移误差，其值为

$$\Delta_W = OO_1 = \frac{T_d}{2\sin\frac{\alpha}{2}}$$

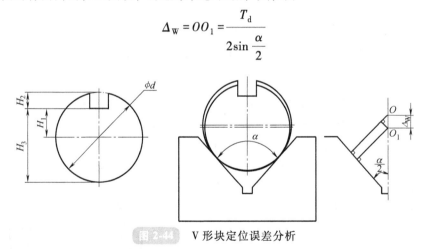

图 2-44　V 形块定位误差分析

小提示

　　当工件外圆直径的公差一定时，基准位移误差随 V 形块的工作角度增大而减小。当 $\alpha = 180°$ 时，$\Delta_W = \frac{1}{2}T_d$ 最小，这时 V 形块的两工作面展平为水平面，失去对中作用，这种情况可按支承定位分析定位误差。

　　由于加工尺寸的工序基准不同，在图 2-44 中有三种标注形式（H_1、H_2、H_3），其定位误差的分析和计算见表 2-17。

表 2-17 定位误差的分析和计算

工序尺寸	定位基准	工序基准	基准不重合误差 Δ_B	基准位移误差 Δ_W	定位误差 Δ_D
H_1		圆柱轴线	0		Δ_W
H_2	圆柱轴线	圆柱上母线	$\dfrac{1}{2}T_d$	$\dfrac{T_d}{2\sin\dfrac{\alpha}{2}}$	$\Delta_B+\Delta_W$
H_3		圆柱下母线			$\Delta_B-\Delta_W$

通过以上分析可知，当定位方案确定后，定位误差取决于工序尺寸的标注方式。以外圆柱面在 V 形块上定位为例，如果外圆柱的下母线为工序基准时，则定位误差最小。因此，控制轴类工件键槽深度尺寸时最好以下母线作为工序基准。

小拓展

加工误差是客观存在的，不存在绝对的零误差。实际生产中，只需要将误差控制在合理的精度等级内，满足制造要求即可，这样可以实现生产效率最大化，避免造成人力、物力资源的浪费。

扩展知识

六、加工误差的组成

通常将因夹具的使用而造成的加工误差分为三大组成部分（图 7-45），一是因工件在夹具中的安装而产生的误差；二是因夹具相对机床、刀具及切削运动的位置误差而引起的对定误差；三是在加工过程中造成的加工误差。

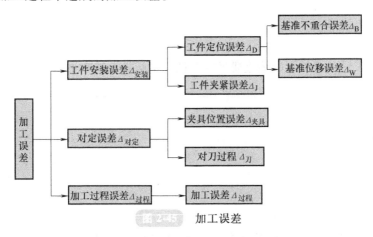

图 2-45 加工误差

1. 安装误差

因工件在夹具中的安装所导致的误差，称为工件安装误差，以"$\Delta_{安装}$"表示。安装误差包括工件定位误差 Δ_D 和工件夹紧误差 Δ_J。

2. 对定误差

因夹具相对机床、刀具及切削运动的位置误差而导致的误差，称为夹具在机床上的对定误差，用"$\Delta_{对定}$"表示。

夹具对定误差包括夹具位置误差和对刀误差。夹具位置误差是夹具相对机床及机床切削运动的位置误差，用"$\Delta_{夹具}$"表示；对刀误差是刀具安装调整误差，用"$\Delta_刀$"表示。

3. 加工过程误差

受加工过程的某些因素影响而产生的误差，称为加工过程误差，用"$\Delta_{过程}$"表示。加工过程误差包括工艺系统的受力变形、热变形、磨损、振动等因素造成的加工误差。

为保证本工序的加工精度，必须保证上述各项误差之和不大于本工序的工序公差（T），即

$$\Delta_{安装} + \Delta_{对定} + \Delta_{过程} \leq T \tag{2-1}$$

式（2-1）称为夹具误差不等式，是夹具设计中应遵守的一个基本关系式。

当不能预先知道加工过程误差和夹具对定误差时，往往可先粗略地将式（2-1）中的三个误差各按不大于工序公差的 1/3 来考虑，即 $\Delta_{安装} \leq T/3$，$\Delta_{对定} \leq T/3$，$\Delta_{过程} \leq T/3$。

由于安装误差 $\Delta_{安装}$ 包括定位误差 Δ_D 和夹紧误差 Δ_J，即 $\Delta_{安装} = \Delta_D + \Delta_J$，所以，一般有 $\Delta_D \leq (1/5 \sim 1/3)T$ 的要求。这个要求也作为夹具能否满足加工精度要求的一项重要依据。

小提示

如果夹具的定位误差超出工序公差的 1/3，则认为此夹具的定位不能满足工件定位精度的要求。除非把夹具的定位精度，否则此夹具不被允许使用。

▷▷ 任务实施

一、工件加工工艺分析

引导问题 8

讨论并分析工件的键槽有哪些重要尺寸？把分析结果记录在下方。

_____

_____

二、工件定位方案设计

1. 确定工件需要约束的自由度

引导问题 9

工件定位时，需要限制工件的哪些自由度才能保证键槽的尺寸公差？把分析结果填入表 2-18。

表 2-18　键槽公差及影响公差的自由度

序号	键槽公差	影响公差的自由度
1		
2		
3		

2. 确定夹具定位元件

引导问题 10

根据引导问题 9 的分析结果设计定位方案，并填写表 2-19。

表 2-19　夹具定位元件

序号	需要限制的自由度	定位元件类型	定位元件的规格	备注
1				定位元件型号规格的写法依照机床夹
2				具零件及部件标准中的标记示例
3				

小提示

　　设计产品定位方案时，要依据相关的国家标准或行业标准设计定位元件，这样，有利于组织专业化生产，合理利用国家资源、节约能源和节约原材料。

3. 分析夹具定位精度

引导问题 11

1）夹具（　　）基准不重合误差。

A. 存在　　　　　　　　B. 不存在

2）夹具（　　）基准位移误差。

A. 存在　　　　　　　　B. 不存在

3）计算夹具的定位误差，分析定位方案的可行性，将计算结果填入表 2-20。

表 2-20　夹具的定位误差

序号	基准不重合误差 Δ_B	基准位移误差 Δ_W	定位误差 Δ_D	定位误差是否大于该方向尺寸公差的 $\frac{1}{3}$
方向 1				是□　否□
方向 2				是□　否□
方向 3				是□　否□

结论：该定位方案（　　）工件加工要求。

A. 满足　　　　　　　　B. 不满足

4. 定位方案的调整优化

根据引导问题 11 的分析结果，针对方案中存在的问题提出解决方案并记录下来。

⊡》 结果评价

引导问题 12

根据表 2-21 所列内容对任务实施的结果进行评价。

表 2-21 工件定位方案设计任务评价

序号	评价内容	评价结果	评价理由	备注
1	定位方案是否属于完全定位			
2	定位方案是否属于欠定位			
3	定位方案是否属于重复定位			
4	定位方案能否保证键槽所有尺寸的加工精度要求			
5	定位元件是否遵照机床夹具零件及部件标准选取			
6	此方案是否为最佳方案			如果为否,请提出你认为的最佳方案

任务二 键槽铣削夹具夹紧方案设计

⊡》 任务描述

1）学习理解夹具中工件夹紧相关知识。

2）小组讨论并共同设计键槽铣削工件夹具的夹紧力方向。

3）小组讨论并共同设计键槽铣削工件夹具的夹紧力作用点。

4）对设计完成的夹紧方案进行评价，并根据评价结果进行反思，提出优化方案。

⊡》 相关知识

一、夹紧装置

工件在夹具中定位以后，为了固定其位置，确保工件位置在外力作用下不被轻易改变，必须通过相应的装置把工件压紧、夹牢在定位元件上。因此，除了定位装置外，完整的夹具还要有工件夹紧装置。

要想设计出合理的夹紧装置，必须对夹紧装置的要求、组成及基本结构有全面的认识。

小提示

一般夹具都需要设置夹紧装置，但少数情况也允许不予夹紧而进行加工。例如在重型工件上钻小孔时，因工件本身的重量较大，其与工作台间的摩擦力足以克服钻削力，此时无须夹紧工件。

（一）夹紧装置的要求

夹紧装置设计合理，能保证工件加工质量、提高生产率，减轻工人劳动强度。为此，夹紧装置满足以下基本要求：

1）在夹紧过程中，应不破坏工件定位位置。

2）夹紧力应保证工件在加工过程中的位置稳定不变，不产生振动或移动。

3）工件在夹紧力作用下变形小，夹紧装置不损伤工件表面。

4）夹紧操作安全可靠、方便省力。

5）夹紧装置结构简单、制造容易，其复杂程度和自动化程度应与工件的生产纲领相适应。

（二）夹紧装置的组成

夹紧装置一般由力源装置、传力机构和夹紧元件三部分组成。

1. 力源装置

力源装置是为夹紧动作提供动力的装置，通常是指气动、液压、电动等动力装置。图 2-46 所示的气缸就是力源装置。

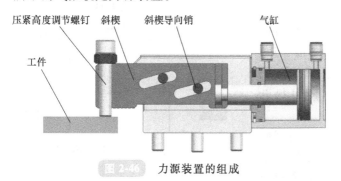

气动夹紧

图 2-46　力源装置的组成

小提示

　　手动夹紧时，不需要力源装置。

2. 传力机构

传力机构是在力源装置和夹紧元件之间传递动力的机构。它将人力或力源装置的作用力大小、方向进行转换，并传递给夹紧元件，然后由夹紧元件实现对工件的夹紧。图 2-46 所示的斜楔、斜楔导向销就是传力机构。

传力机构在传递夹紧作用力的过程中，根据夹紧的需要有不同的作用。

1）改变夹紧作用力的方向。如图 2-46 所示，气缸产生水平方向的作用力，通过斜楔和斜楔导向销转变为垂直方向的夹紧力。

2）改变夹紧作用力的大小。传力机构常利用斜面原理、杠杆原理来改变夹紧力的大小（通常增大夹紧力）。图 2-46 所示的传力机构通过斜向导槽的作用，使螺钉的夹紧力加大。

3）自锁作用。在动力源消失以后，传力机构能让工件保持可靠的夹紧。例如键槽铣削夹具中的螺旋夹紧机构通过螺纹的自锁作用，当动力源消失，依然保持对工件的可靠夹紧。这种自锁作用对于手动夹紧装置特别重要。

3. 夹紧元件

夹紧元件是与工件直接接触、执行夹紧动作的元件，它包括各种压板（图2-46）和压块。

在实际中，有些夹紧装置无须传力机构，例如利用螺钉直接夹紧工件。

有些夹具的夹紧元件（图2-46中的压板）也是传力机构的一部分，常统称为夹紧机构。

（三）基本夹紧机构

在夹具的夹紧机构中，起夹紧作用的多为斜楔、螺旋、偏心、杠杆、薄壁弹性件等机构。其中，以斜楔、螺旋、偏心以及由它们组合而成的夹紧机构最为普遍，这三类机构的工作原理基本相同，但在结构和用途上又有各自的特点。

1. 斜楔夹紧机构

图2-47所示为斜楔夹紧机构，要求在工件顶面钻削一个 $\phi8mm$ 的孔，在侧面加工一个 $\phi5mm$ 的孔。加工时，将工件放入夹具，锤击斜楔大端，斜楔通过斜面作用，对工件施加挤压力，将工件楔紧在夹具中。加工完毕后，锤击斜楔小端，即可松开工件。

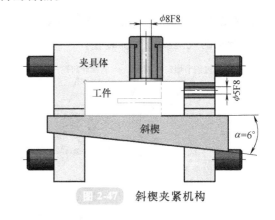

图2-47 斜楔夹紧机构

需要指出的是，在夹具中直接使用斜楔夹紧工件的情况比较少见。这是因为它产生的夹紧力有限，且夹紧费时，所以只有在夹紧力不大、产品数量不多的少数情况下使用。但是，斜楔与其他机构组合使用的情况比较普遍，例如螺旋或偏心轮夹紧机构，它们实际上是斜楔夹紧机构的变形，另外，在气动夹具中也常将斜楔作为增力机构。

用斜楔夹紧工件时，需要解决原始作用力和夹紧力的变换、合理选择斜楔升角等问题。

为保证斜楔夹紧机构工作可靠，斜楔夹紧工件后应能自锁。所谓斜楔夹紧机构的自锁，是指在原始力撤离后，夹具体内的斜楔不发生移动（图2-47中的斜楔右移）。斜楔夹紧机构的自锁条件为：斜楔升角（α）小于斜楔与夹具体间的摩擦角（φ_1）和斜楔与工件间的摩擦角（φ_2）之和。对于一般钢铁材料的加工表面，其摩擦因数 $\mu = 0.1 \sim 0.15$，由于 $\tan\varphi = \mu$，所以一般摩擦角 φ_1、φ_2 的范围为 $5°43' \sim 8°32'$。因此，满足自锁条件的斜楔升角 α 可在 $11°$ $\sim 17°$ 范围内选取。为安全锁紧，一般取 α 为 $6° \sim 8°$。考虑到 $\tan\alpha = \tan6° \approx 0.1$，工程上的自锁性斜面和锥面的斜度常取 $1:10$。当然，对于气动和液压等原始力始终作用的斜楔，其升角可不受此限制，一般取 α 为 $15° \sim 30°$。

根据摩擦角和斜楔升角的关系，分析并讨论确定自锁性斜面斜楔升角的步骤。

第一步：＿＿＿＿＿＿＿＿＿＿＿＿＿＿＿＿＿＿＿＿＿＿＿＿＿＿＿＿＿＿＿＿＿＿

第二步：＿＿＿＿＿＿＿＿＿＿＿＿＿＿＿＿＿＿＿＿＿＿＿＿＿＿＿＿＿＿＿＿＿＿

第三步：＿＿＿＿＿＿＿＿＿＿＿＿＿＿＿＿＿＿＿＿＿＿＿＿＿＿＿＿＿＿＿＿＿＿

第四步：＿＿＿＿＿＿＿＿＿＿＿＿＿＿＿＿＿＿＿＿＿＿＿＿＿＿＿＿＿＿＿＿＿＿

第五步：＿＿＿＿＿＿＿＿＿＿＿＿＿＿＿＿＿＿＿＿＿＿＿＿＿＿＿＿＿＿＿＿＿＿

2. 螺旋夹紧机构

螺旋夹紧机构是斜楔夹紧机构的变形，它实际上是把一个很长的斜楔环绕在圆柱上而形成的，这样，原来的直线楔紧就转化成螺杆、螺母间的相对旋转夹紧。螺旋夹紧机构的斜楔升角很小，具有较高夹紧力和自锁性能。

图 2-48 所示为螺旋夹紧机构在铣床夹具中的应用，螺旋夹紧机构中的主要元件是螺杆和夹板，在螺纹传动作用下，转动螺杆就可以对工件进行夹紧。

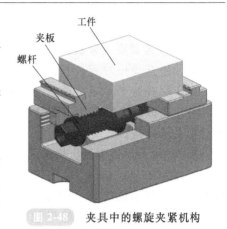

图 2-48　夹具中的螺旋夹紧机构

小提示

普通螺纹的螺旋升角远小于材料间的摩擦角 φ，这是普通螺纹广泛用于各种紧固连接的主要原因。

常用螺旋夹紧机构包括普通螺旋夹紧机构、快速螺旋夹紧机构、螺旋压板组合夹紧机构等。

（1）普通螺旋夹紧机构　为了减小螺杆端部与工件接触的面积，防止夹紧和松开工件时，螺杆端部与工件之间的摩擦造成工件转动，一般将螺杆端部制成图 2-49 所示的球面。

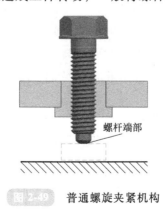

螺杆端部

图 2-49　普通螺旋夹紧机构

螺杆球面端部往往容易压伤工件表面，为此可在螺杆端部装上可以摆动的压块，这样既可以防止工件转动，又可以扩大压紧面积，有利于保护工件的加工表面。压块已标准化，光面压块的标准代号为 JB/T 8009.1—1999，槽面压块的标准代号为 JB/T 8009.2—1999。

图 2-50 是两种常用的压块结构，其中光面压块（工作面为光滑环面），用于夹紧已加工表面，槽面压块（工作面为齿纹面），用于夹紧毛坯面，用户也可以根据需要采用特殊设计的摆动压块。

（2）快速螺旋夹紧机构　普通螺旋夹紧机构的夹紧、松开操作时间较长，不利于提高工作效率。为了弥补这个不足之处，在实际生产中出现了各种快速螺旋夹紧机构，图 2-51 所示为常见快速螺旋夹紧机构。

图 2-51a 所示的夹紧机构采用了在螺旋夹紧中被广泛使用的开口垫圈，松开或夹紧工件时，只要稍微旋松压紧的螺母，即可抽出开口垫圈，取出工件。在实际操作时，螺母的轴向移动量非常小，装夹效率可以得到明显提高。

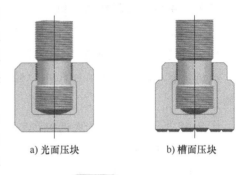

a) 光面压块　　　　b) 槽面压块

图 2-50　摆动压块

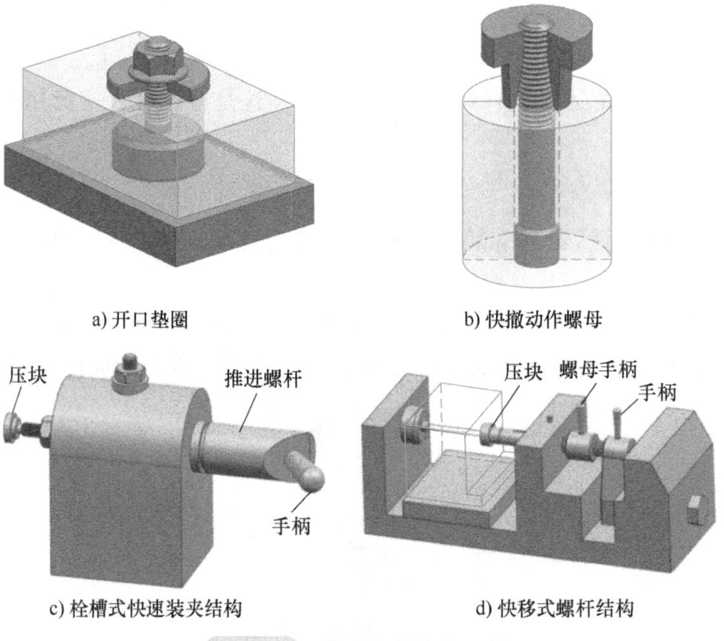

a) 开口垫圈　　　　　　b) 快撤动作螺母

压块　　　　　　推进螺杆　　　　　　　压块　螺母手柄　　手柄

手柄

c) 栓槽式快速装夹结构　　　　　d) 快移式螺杆结构

图 2-51　快速螺旋夹紧机构

图 2-51b 所示夹紧机构的螺母称为快撤动作螺母，这个螺母内孔中制有与螺孔轴线成一较小角度的光孔，其孔径略大于螺纹的大径。松开夹紧时，只要稍微旋松螺母，即可倾斜地

提起螺母，卸下工件。

图 2-51c 所示为栓槽式快速装夹结构，在螺杆的夹紧螺旋槽前端设置一段轴向快移导槽，用于松开状态下螺杆沿轴向的快速移动。装夹时，首先轴向推进螺杆，当前端压块顶住工件时，螺杆移出直导槽，进入夹紧螺旋槽部分，转动手柄即可对工件施行夹紧。松开时，把螺杆转至直导槽处，可迅速轴向拉回螺杆，达到快速装夹的目的。

图 2-51d 所示为快移式螺杆结构，工作中螺杆不发生转动。松夹时，首先旋松螺母手柄，然后扳转手柄，可快速向后拉回螺杆。夹紧时的动作顺序相反，先推进螺杆，顶住工件，然后扳上手柄，使它顶住螺杆的后部，最后转动螺母手柄进行夹紧。

（3）螺旋压板组合夹紧机构 将夹紧性能优良的螺旋结构与简单灵活的各类压板相组合，就可以得到较为理想的螺旋压板组合夹紧机构。典型的螺旋压板组合机构如图 2-52 所示。

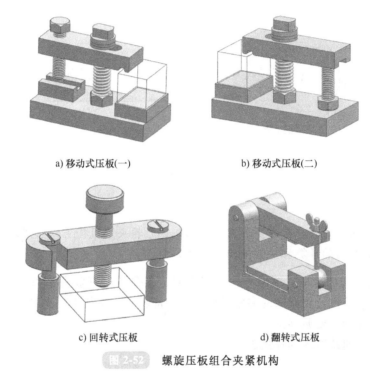

a) 移动式压板(一)　　　　　　b) 移动式压板(二)

c) 回转式压板　　　　　　d) 翻转式压板

图 2-52 螺旋压板组合夹紧机构

螺旋压板组合机构能弥补螺旋夹紧动作较慢的不足，提高装夹效率，因此在实际生产中得到了广泛应用。

小提示

如果夹具上安装夹紧机构因空间局限而不能采用平面压板时，可以改变压板的结构形式或者采用钩形压板。

3. 偏心夹紧机构

偏心夹紧机构是指由偏心件直接夹紧或与其他元件组合而夹紧工件的机构。偏心件一般有圆偏心和曲线偏心两种类型，常用的是圆偏心件（偏心轮或偏心轴），曲线偏心件只在有特殊需要时才使用。

圆偏心件常与其他元件组合使用。在图 2-53 所示的偏心夹紧机构中，偏心轮通过销轴与悬置压板偏心铰接，压下手柄，工件被压板压紧，抬起手柄，工件被松开，向后拖动压板及偏心轮即让出装卸空间，装夹操作迅速且方便。

直径为 D，偏心距为 e 的圆偏心轮（图 2-54）实际上相当于套在偏心基圆（直径为 $D-2e$）上的弧形楔块。与平面斜楔相比，其主要特性是工作表面

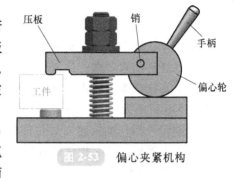

图 2-53 偏心夹紧机构

上各点的升角 α 是连续变化的值。可以证明，轮缘上最大升角 $\alpha_{\max} = \tan^{-1}\left(\dfrac{2e}{D}\right)$。

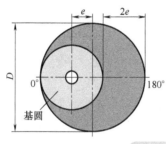
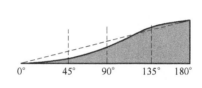

图 2-54 圆偏心特性

小提示

圆偏心轮的这一特性非常重要，它直接影响偏心轮夹紧机构工作曲线段的选择，自锁条件的确定，夹紧力的计算和主要结构尺寸的确定等。

（1）工作曲线段的选择　圆偏心轮在工作时，主要考虑有效夹紧力，有效夹紧行程和可靠自锁几个基本条件。在有效的夹紧转角范围内应得到尽可能大的夹紧行程，这是圆偏心轮工作曲线段选择的主要原则。

圆偏心轮工作曲线段的选择见表 2-22。

表 2-22　圆偏心轮工作曲线段的选择

曲线段	特　点	选用情况
0°~45°	夹紧行程很小,通常不能快速趋近工件	一般不采用
90°~180°	前半段夹紧行程迅速增大,有利于快速趋近工件,后半段楔升角逐渐减小,曲线平缓,有利于得到大而稳定的有效夹紧力,且自锁性良好。但在接近180°时夹紧行程为零,容易发生咬死	常用
45°~135°	夹紧行程迅速增大,且后半部曲线升角较大,不利于有效夹紧。由于升角的变化值较大,当工件厚度稍加变化时,夹紧力和自锁性的变化都较大,夹紧性能就有较大差异	适用夹紧方向上尺寸误差较小的工件的夹紧

（2）圆偏心夹紧的自锁条件　由斜楔夹紧机构的自锁条件 $\alpha < \varphi_1 + \varphi_2$ 可知，圆偏心夹紧时应保证 $\alpha_{\max} \leqslant \varphi_1 + \varphi_2$，由于圆偏心轮的转轴处常采用滑动轴承或滚动轴承，摩擦很小，所

以 φ_2 值往往很小，不足以维持圆偏心轮的自锁，故将 φ_2 略去，不予考虑。因此圆偏心轮的工作自锁应满足：

$$\frac{2e}{D} \leqslant \tan\varphi_1 = \mu_1$$

式中，μ_1 是摩擦因数，在实际应用中常取 0.1 或 0.15。

由此可得圆偏心轮保证自锁的结构条件：$e \leqslant \dfrac{D}{20}$ 或 $e \leqslant \dfrac{3D}{40}$。

小提示

圆偏心轮保证自锁的结构条件为：偏心距 e 不能过大，只能取偏心轮直径 D 的 1/20~3/40。否则，偏心轮不能保证自锁。

引导问题 2

分析并讨论普通螺旋夹紧机构、快速螺旋夹紧机构和偏心夹紧机构的优、缺点及共同点，将讨论结果填入表 2-23，并针对夹紧机构中的缺点，提出更好的解决方案。

表 2-23　常用螺旋夹紧机构的特点

序号	夹紧机构	共同点	优点	缺点
1	普通螺旋夹紧机构			
2	快速螺旋夹紧机构			
3	偏心夹紧机构			

引导问题 3

通过互联网，以"快捷夹具""转角气缸""夹具-侧推式"为关键词搜索当前市场上售卖的夹紧装置，将查询结果填入表 2-24。

表 2-24　常见夹紧装置类型及应用

序号	夹紧装置	品牌	型号规格	使用场合
1				
2				
3				
4				
5				
6				

二、夹紧力

夹具对工件的夹紧是通过夹紧装置对工件施加的夹紧力实现的。夹紧力的确定，是夹具设计过程中的重要步骤，在设计夹紧装置时，首先要确定夹紧力，然后确定夹紧机构。

与其他力一样，夹紧力具有三个要素：力的方向、作用点和大小。夹紧力的确定是一个综合性的问题，必须结合工件的工艺要求、定位元件的结构形式和布置方式、工件的重力和所受外力等情况进行综合考虑。

（一）夹紧力方向的确定

夹紧力的方向主要和工件定位基准的设置以及工件所受外力的作用方向等有关，确定时应遵循以下原则。

1. 夹紧力应垂直于主要定位基准面

工件的主要定位基准面的面积一般较大，需要限制的自由度较多。当夹紧力垂直于此面时，由夹紧力所引起的单位面积上的变形较小，有利于保证安装的稳定性和加工质量。

小提示

工件在夹紧力作用下，应首先保证主要定位基准面与定位元件可靠接触。

如图 2-55 所示，在一角形支座上镗孔，要求保证孔的中心线与平面 A 垂直。为保证加工要求，应以平面 A 作为主要定位基准，夹紧力的方向应垂直于平面 A。

由于平面 A、B 之间的夹角存在误差，如果不是朝向平面 A 而是朝向平面 B 施加夹紧力，则在镗孔时，在切削力作用下，平面 A 可能离开夹具的定位表面，也可能产生变形，如图 2-56 所示，夹具没有对工件进行有效定位，不能确保孔与平面 A 的垂直度要求。

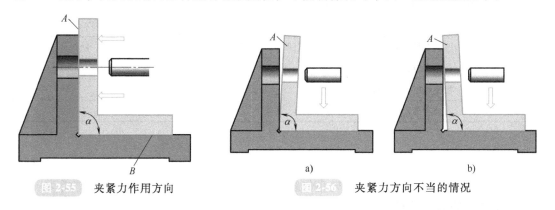

图 2-55　夹紧力作用方向　　　　图 2-56　夹紧力方向不当的情况

a)　　　　　　b)

2. 夹紧力应尽可能与切削力和工件重力同向

当夹紧力与切削力和工件重力同向时，加工过程所需的夹紧力最小，能简化夹紧装置的结构，让夹紧操作更简便。

在图 2-57 所示的夹紧装置中，由于夹紧力 F_W、切削力 F 和工件重力 G 三者均垂直于主要定位基准面，只需要较小的夹紧力 F_W 就可以满足切削要求。如果切削力 F 和工件重力 G 与夹紧力 F_W 的方向不一致，则所需的夹紧力 F_W 要大得多。

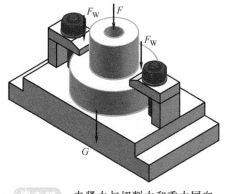

图 2-57　夹紧力与切削力和重力同向

小提示

在大型工件上钻小孔时，甚至可以不施加夹紧力。

在实际生产中，经常会遇到图 2-58 所示的情况，加工时，作用于工件的切削分力 F_r 让工件存在水平移动和抬起的趋势，这时，由于夹紧力 F_W 和重力 G 均与切削力 F_r 垂直，不能直接平衡切削力 F_r，所以需要远大于切削力的夹紧力，以产生足够大的摩擦力来平衡切削力。在这种情况下，为了减小夹紧力，可以在沿切削分力的方向上设置止推定位元件。

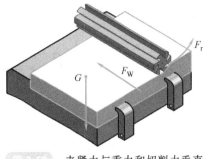

图 2-58　夹紧力与重力和切削力垂直

小提示

从定位角度看，止推定位元件完全是多余的，但从夹紧的角度看，它可以有效减小夹紧力，因而其存在是必要的。另外，应使夹紧力的两个分力，分别朝向工件的主要定位基准和导向定位基准。

引导问题 4

分析并讨论图 2-59 所示钻模的夹紧力设置是否合理，为什么？将讨论结果记录下来。

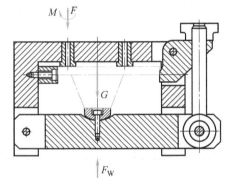

图 2-59　夹紧力与切削力和重力反向的钻模

（二）夹紧力作用点的选择

选择夹紧力作用点位置时，主要考虑以下问题。

1）保证夹紧时不会破坏工件在定位时所获得的位置。

2）使夹紧引起的工件变形最小。

一般来说，选择夹紧力作用点时应遵循如下原则。

1. 夹紧力应落在支承元件上或几个支承形成的支承面内

如果夹紧力落在支承范围以外，则夹紧力和支承反力构成的力偶将使工件倾斜或移动，破坏工件的定位，如图 2-60a 所示；如果夹紧力的作用点选择正确，则效果如图 2-60b 所示。

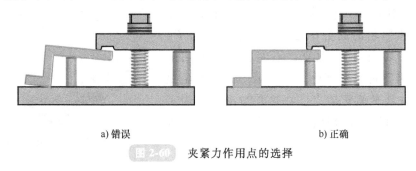

a) 错误　　　　　　　　　　　　　　　　　b) 正确

图 2-60　夹紧力作用点的选择

小提示

夹紧力的作用点靠近支承面的几何中心，可使夹紧力均匀地分布在定位基准面和定位元件的整个接触面上。

2. 夹紧力应落在工件刚性较好的部位上

一般来说，由于工件在不同方向或不同部位的刚性是不同的，故夹紧力应施于工件刚性较好的部位，以减小工件的受力变形，这对刚性较差的工件尤为重要。如图 2-61a 所示的夹紧力会使工件产生较大的变形，而图 2-61b 所示的夹紧力作用在两侧较厚的凸缘处，即作用在刚性较好的部位，夹紧变形就很小。

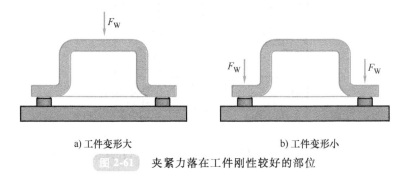

a) 工件变形大　　　　　　　　　　　　　　b) 工件变形小

图 2-61　夹紧力落在工件刚性较好的部位

小提示

还可采取适当的结构措施增大夹紧力的作用面，使夹紧力均匀且分散地作用在工件上，以减小工件的夹紧变形。例如，采用具有较大弧面的夹爪可防止薄壁套筒变形，采用压脚增加螺旋夹紧的作用面积，减小工件局部夹紧变形。

3. 夹紧力应靠近加工表面

夹紧力的作用点应靠近加工表面，可以使夹紧力直接平衡切削力，能有效防止或减小工件的振动。当夹紧力的作用点不能满足此要求时，则应采取措施减小切削力引起的工件变形或振动。如图 2-62 所示，夹紧力 F_{W1} 作用在工件主要定位基准面上，远离加工表面，此时应增加附加夹紧力 F_{W2}，并在 F_{W2} 力的作用点下方增设辅助支承，以承受夹紧力，增加加工部位的刚性。

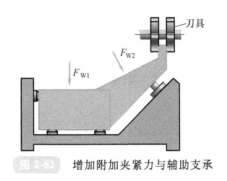

图 2-62　增加附加夹紧力与辅助支承

引导问题 5

分析并讨论图 2-63 所示的三种夹紧方案是否合理，为什么？将讨论结果记录下来。

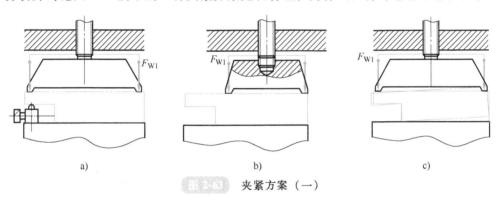

a)　　　　　　　　　　　b)　　　　　　　　　　　c)

图 2-63　夹紧方案（一）

引导问题 6

分析并讨论图 2-64 所示的两种夹紧方案是否合理，为什么？将讨论结果记录下来。

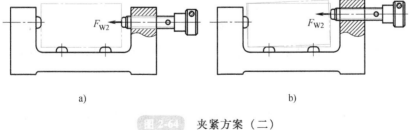

a)　　　　　　　　　　　　　b)

图 2-64　夹紧方案（二）

引导问题 7

分析并讨论图 2-65 所示的两种夹紧方案是否合理，为什么？将讨论结果记录下来。

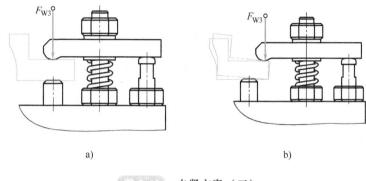

a)   b)

图 2-65   夹紧方案（三）

_____

_____

_____

_____

（三）夹紧力大小的计算

夹紧力的大小对于确定夹紧装置的结构，保证工件定位稳定和夹紧可靠性等有很大影响。夹紧力过大，会使工件产生较大变形，会影响工件加工精度，破坏工件已加工表面质量，夹紧力过小可能夹不紧工件。

1. 估算法

夹紧力大小的计算是比较复杂的问题，一般只能做粗略的估算。计算夹紧力时，为简化计算，通常将夹具和工件看成一个刚性系统，只考虑切削力和切削力矩对夹紧的影响（大工件还应考虑重力，运动的工件还应考虑惯性力），然后根据静力平衡条件下工件所受切削力、夹紧力计算出理论夹紧力。为了安全起见，再乘以安全系数得到实际所需的夹紧力数值，即

$$F_W = K F'_W$$

式中，F_W 为实际所需的夹紧力，F'_W 为理论夹紧力，安全系数 K 通常为 1.5~3，用于粗加工时，取 $K = 2.5~3$，用于精加工时，取 $K = 1.5~2$。

2. 类比法

所谓类比法，即寻找过往加工过的，与当前工件切削条件相似的工件，仿照其夹具夹紧机构来设计当前的夹紧装置。采用类比法时，应该充分比较两个工件的切削用量、切削力、生产效率、刀具类型、装夹条件等工艺，考虑它们的差异对夹紧装置的结构和参数的影响，并对当前夹紧装置的螺纹直径、杠杆的比例长度、压板的厚度、气缸或液压缸的缸径等参数进行调整。如有必要，还可以通过切削实验，进一步验证夹紧

装置的可行性。

　　在一般生产条件下，由于类比法可以很快地确定夹紧方案，无须进行烦琐的计算，所以在生产中被经常采用。

三、夹具的对定

　　工件的定位确定了工件相对于夹具的位置，而工件相对于刀具及切削路径的位置，还需要通过夹具的对定来实现。

　　夹具的对定包括以下三个方面：

　　1）夹具的定位。通过夹具定位表面与机床的配合和连接，确定夹具相对于机床的位置。

　　2）夹具的对刀或刀具的导向。确定夹具相对于刀具的位置。

　　3）分度定位。在分度或转位夹具中，确定各加工面间的相互位置关系。

（一）夹具的定位

　　夹具的定位是指夹具在机床上的定位，图 2-66 所示为键槽铣削夹具在机床上的定位。

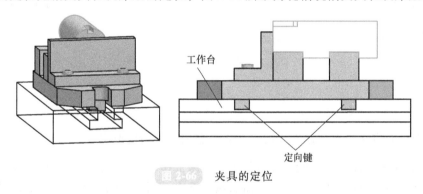

工作台

定向键

图 2-66　夹具的定位

　　为保证加工出的键槽在垂直和水平面内与工件母线平行，在垂直面内，夹具在机床上定位时，需要保证 V 形块几何中心与铣床坐标系 x、y 轴平行。

　　在水平面内，键槽通过夹具底面与机床工作台配合确保键槽平行度，对夹具来说，应保证 V 形块几何中心对夹具底平面平行，对机床来说，应保证工作台面与水平坐标平面（xOy）平行。

　　由此可见，夹具在机床上定位的实质是夹具定位元件对刀具成形运动的定位。如果机床的精度能够满足加工精度要求，则夹具在机床上的定位精度主要取决于夹具定位元件和夹具定位面的位置精度，以及夹具定位面和机床的配合精度。如上例中的定位精度取决于：V 形块几何中心相对于夹具底平面和定向键的位置精度，以及夹具底平面和机床工作台面的形状精度、定向键与 T 形槽的配合精度。

要使夹具在机床中准确定位，关键要解决好夹具与机床的连接和配合问题，正确规定元件定位面对夹具定位面的位置要求。

1. 夹具与机床的连接

夹具通过连接元件与机床连接、在机床上定位。一般将应用于各类机床的连接元件分为两种：一种用于将夹具安装在机床的平面工作台上（如铣床、刨床、钻床、镗床和平面磨床夹具等）；另一种用于将夹具安装在机床的回转主轴上（如车床、内外圆磨床夹具等）。

（1）夹具与平面工作台的连接 在机床的平面工作台上，夹具通常以夹具体的底平面作为定位面在机床上定位。为了保证底平面与工作台面有良好的接触，对于较大的底平面应采用周边接触、两端接触或四角接触等方式，如图 2-67 所示。

a) 周边接触　　　　　　b) 两端接触　　　　　　c) 四角接触

图 2-67 夹具底平面的结构形式

夹具定位面应在一次加工中完成，并有一定的加工精度要求。

铣床夹具除底平面外，一般通过定位键与铣床工作台 T 形槽配合，以确定夹具在机床工作台上的方向。定位键安装在夹具底平面的纵向槽中，用沉头螺钉固定，一般设置两个，其距离尽可能布置得远些。图 2-68 所示为定位键的连接示例。

定位键已标准化，标准定位键的结构如图 2-69 所示。其规格见附表 17。

图 2-68 定位键的连接　　　　　**图 2-69** 定位键的结构

根据定位键与工作台配合方式的不同，可将定位键分为 A、B 两种类型，A 型键是完整的长方体，B 型键在中间设置了 2mm 宽的空刀槽。A 型键是单一工作尺寸型（图 2-69a），通过相同的键宽同时与夹具体导向槽和工作台T形槽配合,当工作台T形槽宽度尺寸精度不高时,将会影响夹具定向精度。一般情况下,键与夹具体导向槽采用H7/h6或JS6/h6的配合,而键与工作台T形槽采用基孔制配合,即工作台T形槽宽度尺寸采用公差带H,A型键与工作台T形槽形成间隙配合,因此夹具体的定位精度较差。为提高夹具体的定位精度,在安装夹具体时,通常采取单向接触法,即夹具安装紧固时,令两个定位键靠向T形槽的同一侧面,以T形槽同一侧面作为定位面,利用T形槽侧面精度实现夹具体的高精度定位。B型键为配作型(图2-69b),它的上半部与夹具体导向槽采用H7/h6或JS6/h6配合,下半部尺寸留有0.5mm的配研磨量,安装时,根据T形槽的具体尺寸配作,因此夹具体能获得较高的定位精度。

小提示

定位键固定在夹具底平面上,给存放、搬运带来不便,且键易被碰伤,从而破坏对定精度。为避免这类问题,可采用图2-70所示的固定在机床工作台的定向键。

定向键不同于定位键,其作用是为夹具体提供定向依据,保证夹具体的安装方向。定向键的下半部嵌于机床工作台T形槽内,上半部与夹具体导向槽形成间隙配合。定向键设置在机床工作台上,为不同夹具提供导向作用,夹具上无须额外设置其他导向对定元件。定向键已标准化,

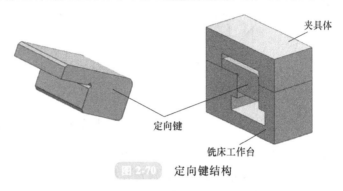

图2-70　定向键结构

其现行行业推荐标准JB/T 8017—1999见附表18。

(2)夹具与回转主轴的连接　夹具在机床回转主轴上的连接方式取决于主轴端部的结构形式,常见的连接形式如图2-71所示。

图2-71a所示为定心锥柄连接,夹具以长锥柄安装于机床主轴锥孔内,实现同轴连接。根据机床主轴锥孔结构(一般多采用3~6号莫氏锥孔,锥孔大端直径尺寸范围为23~63mm)选择相应的夹具锥柄,与主轴孔实现无间隙配合,故定心精度较高。这种结构对定准确,安装迅速且方便,应用较广。莫氏圆锥虽属自锁性强制传动圆锥,但考虑切削力的变化和振动等情况,一般在锥柄尾部设有拉紧螺孔,用拉紧螺杆对锥柄连接进行防松保护。

小提示

由于莫氏圆锥的轴向长度较大、直径较小,故刚性较差,一般只用于夹具径向尺寸小于140mm的场合。安装于大、中型机床主轴上的夹具,根据主轴锥孔的尺寸,经常采用锥度为1:20且大端直径尺寸在80~200mm的米制圆锥。

图2-71b所示为平面短销对定连接,夹具以端面和短圆柱孔在主轴上定位,依靠螺纹结构与主轴紧固连接,并用两个压块防止倒转松动。这种结构的夹具定位孔与主轴定位轴颈一般采用H7/h6或H/js6配合。虽然这种连接方式的配合有间隙,定心精度稍差,但因其制造

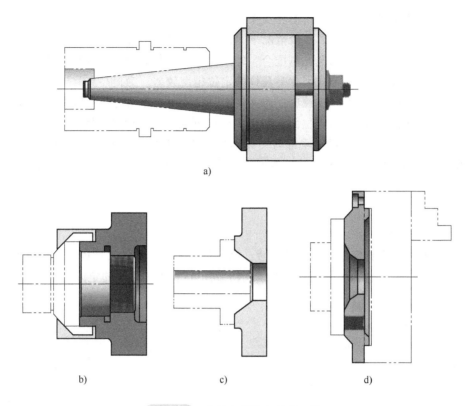

a)

b)   c)   d)

图 2-71 夹具与回转主轴的连接

容易、连接刚性较好而被用于大载荷场合。

图 2-71c 所示为平面短锥销对定连接，夹具以短圆锥孔和端面在主轴上定位，并用螺钉紧固。这种连接方式因定位面间没有间隙而具有较高的定心精度，并且连接刚性较高。当然，该类结构多半要求两者在适量弹性变形（0.05mm 左右）的预紧状态下完成安装连接。

小提示

夹具通过短锥孔及端面组合来定位，为典型的重复定位结构。要同时保证锥面和端面都良好接触，制造比较困难。

图 2-71d 所示为过渡盘连接，过渡盘的一面利用短锥孔和端面组合的定位结构与所使用机床的主轴端部对定连接，另一端与夹具连接，通常采用平面（端面）短销定位形式。过渡盘已标准化，三爪卡盘用过渡盘标准代号为 JB/T 10126.1—1999，四爪卡盘用过渡盘标准代号为 JB/T 10126.2—1999。

2. 定位元件对夹具定位面的位置要求

设计夹具时，定位元件对夹具定位面的位置要求应标注在夹具装配图上，作为夹具验收标准。例如，加工图 2-1 所示工件的铣床夹具，应标注出定位元件 V 形块对称中心面对夹具底平面和定向键对称中心面的平行度要求（例如 0.02mm/100mm）。

一般情况下，夹具的对定误差应小于工序尺寸公差的 1/3，但对定误差中还包括对刀误差等，因此保证夹具的定位误差为工序尺寸公差的 1/6~1/3 即可。

（二）夹具的对刀装置

将夹具安装到机床上，在加工前，一般通过夹具定位元件调整刀具位置，以保证刀具处于正确的位置，这个过程称为夹具的对刀。

铣床夹具在机床工作台上定位后，还应移动工作台，使铣刀对称工作面与夹具 V 形块对称中心面重合，保证铣刀的圆周切削刃最低点与标准心轴的中心距离合适。以上位置要求可通过对刀装置来确定。从结构上看，对刀装置主要由基座、对刀块和塞尺组成，如图 2-72a 所示。

制造夹具时，对刀块与定位元件定位面的相对位置已经确定，对刀时，只要将刀具调整到与对刀块工作表面的距离为某个确定值 S，即完成对刀工作。

小提示

通常在刀具与对刀块工作表面之间塞进厚度为 S 的塞尺，就可以确定刀具与对刀块工作表面的距离 S，从而实现刀具最终位置的确定。

使用塞尺是为了避免刀具与对刀块直接接触而碰伤两者表面，同时也便于控制接触情况，保证尺寸精度。

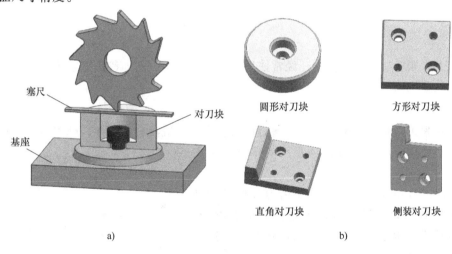

塞尺　对刀块　基座　圆形对刀块　方形对刀块　直角对刀块　侧装对刀块

a)　　　　　　　　　　　　　　　b)

图 2-72　对刀装置及标准对刀块

通常根据具体情况可以直接采用标准对刀块，如图 2-72b 所示，也可以另行设计。用销和螺钉将对刀块安装在夹具体上，其安装位置应便于使用塞尺对刀，且不妨碍工件的装卸。

小提示

图 2-73a 所示为平塞尺，厚度 a 常用 1mm、2mm、3mm；图 2-73b 所示为圆柱塞尺，多用于成形铣刀对刀，直径 d 常用 3mm、5mm。两种塞尺的尺寸均按 h6 精度制造。对刀块和塞尺材料为 T7A 钢，对刀块淬火硬度为 55～60HRC，塞尺淬火硬度为 60～64HRC。

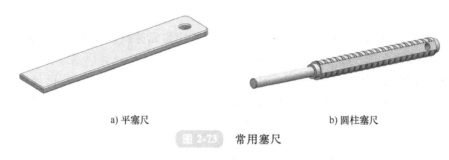

a) 平塞尺   b) 圆柱塞尺

图 2-73 常用塞尺

采用对刀装置对刀时，由于增加了用塞尺调整刀具位置的调整误差，以及定位元件定位面相对对刀块工作表面的位置误差，工件的尺寸公差等级应不高于 IT8。

小提示

当加工精度要求较高或不便于设置对刀装置时，可采用试切法、样件对刀法，或采用百分表找正刀具相对于定位元件的位置。

扩展知识

四、其他夹紧机构

除以上夹紧机构外，夹具中还经常使用其他夹紧机构，例如铰链夹紧机构、定心夹紧机构和联动夹紧机构。

1. 铰链夹紧机构

铰链夹紧机构是一种增力机构，增力倍数较大，一般没有自锁性，摩擦损失较小，故在气动夹具中应用较广泛。图 2-74 所示为单臂铰链夹紧机构。

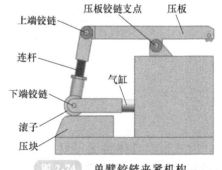

图 2-74 单臂铰链夹紧机构

在气缸的气压作用下，原始作用力经铰链传到连杆，连杆两端是铰链连接，下端铰链带有滚子，在气缸驱动下，滚子可在压块上来回运动。当滚子落到压块外面时，压板右端抬起，可以装卸工件；当滚子向右运动时，可驱动连杆和上端铰链向上运动，使压板右端压紧工件。夹紧力的大小与气缸驱动力大小及压板铰链支点的力臂有关。

小提示

铰链夹紧机构有五种基本类型：单臂铰链夹紧机构（Ⅰ型）、双臂单作用铰链夹紧机构（Ⅱ型）、双臂单作用带移动柱塞铰链夹紧机构（Ⅲ型）、双臂双作用铰链夹紧机构（Ⅳ型）、双臂双作用带移动柱塞铰链夹紧机构（Ⅴ型）。

2. 定心夹紧机构

定心夹紧机构是一种具有定心作用的夹紧机构，在工作过程中能同时实现工件定心

（对中）和夹紧两种功能，主要用于要求准确定心（或对中）的场合。在定心夹紧机构中，与工件定位基准面相接触的元件既是定位元件，又是夹紧元件，它是利用夹紧元件的等速移动或均匀弹性变形，在确保工件轴线或对称面不产生位移情况下，实现定心夹紧作用。

图 2-75 所示为螺旋定心夹紧机构，这类机构的特点是通过传力机构，（如螺旋、斜楔、杠杆等）使夹紧元件等速移动，实现定心夹紧作用。需要指出的是，由于存在制造误差和配合间隙，此类定心夹紧机构的定心精度不高，常应用于粗加工中。

图 2-76 所示为弹簧夹头，它是按夹紧元件均匀弹性变形原理实现定心的夹紧机构，因夹紧元件的弹性变形小且均匀，故其定位精度比较高，适用于精密机构。

自定心虎钳

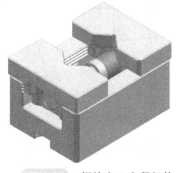
图 2-75　螺旋定心夹紧机构

图 2-76　弹簧夹头

3. 联动夹紧机构

在机械加工中，根据工件的结构特点、定位基准面状况和生产率要求，一些夹具需要有几处夹紧点同时对一个工件进行夹紧，或者在一个夹具中同时夹紧几个工件，一些夹具除夹紧动作外，还需要有松开或紧固辅助支承。为此，在生产中常采用联动夹紧机构。联动夹紧机构用于手动夹具，可以简化操作，减轻劳动强度；用于自动夹具，可以减少动力装置（如气缸或液压缸等），简化结构，降低成本。

常见的联动夹紧机构有单件多点夹紧机构和多件联动夹紧机构。其中，多件联动夹紧机构又有多件平行夹紧、多件对向夹紧、多件连续夹紧等结构形式。

小提示

联动夹紧机构所需原始作用力较大，有时需增加传力机构，从而使结构更加复杂，设计时应综合考虑其结构是否经济合理。

五、常用机构夹紧力的计算

作为将动力源的作用力转化为夹紧力的夹紧机构，是夹紧装置的重要组成部分。我们已经知道，在夹具的各种夹紧机构中，斜楔、螺旋、偏心、铰链以及由它们组合而成的各种机构的应用最为普遍，以下介绍采用这些机构时夹紧力的计算方法。

1. 斜楔夹紧机构夹紧力的计算

图 2-77 所示为斜楔夹紧时的受力情况，斜楔在原始力 F_Q 的作用下所产生的夹紧力 F_W 可按斜楔受力的平衡条件求出。取斜楔为平衡体，它受到以下各力的作用：原始作用力 F_Q，

工件的反作用力 F_W（大小等于斜楔给工件的夹紧力，但方向相反），夹具体的反作用力 F_r。在夹紧过程中斜楔做楔入运动，在斜楔与夹具体和工件接触的滑动面上的摩擦力分别为 F_1 和 F_2，设 F_W 与 F_2 的合力为 F_W'，F_r 与 F_1 的合力为 F_r'，则 F_r 与 F_r' 的夹角为夹具体与斜楔之间的摩擦角 φ_1，F_W 与 F_W' 的夹角即为工件与斜楔之间的摩擦角 φ_2。

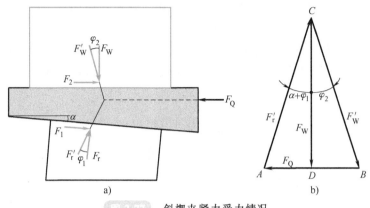

图 2-77　斜楔夹紧力受力情况

由静力平衡条件可知，夹紧时 F_Q、F_W' 与 F_r' 三力处于平衡，故三力应构成封闭三角形 $\triangle ABC$，如图 2-77b 所示，则有

$$F_Q = AD + DB = F_W \tan(\alpha + \varphi_1) + F_W \tan\varphi_2 = F_W \left[\tan(\alpha + \varphi_1) + \tan\varphi_2 \right]$$

故

$$F_W = \frac{F_Q}{\tan(\alpha + \varphi_1) + \tan\varphi_2}$$

当所有摩擦面的摩擦系数相等，即 $\varphi_1 = \varphi_2 = \varphi$，且 α 与 φ 均很小时，可做近似计算，即

$$F_W = \frac{F_Q}{\tan(\alpha + 2\varphi)}$$

小提示

采用上述近似计算公式，当 $\alpha \leqslant 11°$，摩擦因数 $\mu = 0.15$ 时，其误差不超过 7%。

2. 螺旋夹紧机构夹紧力的计算

螺旋夹紧机构中的螺旋，从原理上讲是斜楔的变形，因此斜楔夹紧机构夹紧力计算公式同样适用于螺纹部分的受力分析与计算。图 2-78 所示为螺杆与螺母间的受力状况，螺母固定不动，原始作用力 F_Q 施加在螺杆的手柄上，形成扭转螺杆的主动力矩 $F_Q L$，F_1 为螺母的螺纹部分对螺杆转动的摩擦阻力，它分布在整个接触螺纹部分的螺旋面上，为计算方便，可把它视为集中在螺纹中径 d_2 处圆周上，形成的螺母螺纹部分的摩擦阻力矩为

$$F_1 d_2 / 2 = F_W d_2 \tan(\alpha + \varphi_1) / 2$$

另外，当螺杆底部压向工件的端面，还有工件表面施加给螺杆的端面摩擦阻力矩：

$$F_2 r' = F_W' r' \tan\varphi_2 \quad (F_W' = F_W)$$

螺杆在这三个力矩作用下平衡，因此有

$$F_Q L = F_1 d_2 / 2 + F_2 r'$$

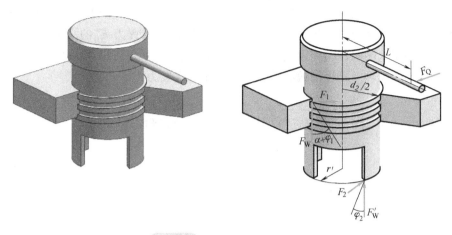

图2-78　螺旋夹紧受力分析

故

$$F_W = \frac{2F_Q L}{d_2 \tan(\alpha + \varphi_1) + 2r'\tan\varphi_2}$$

小提示

当螺杆端部采用球端结构压向工件或采用球端压块结构时，r'等于零，上式可简化为

$$F_W = \frac{2F_Q L}{d_2 \tan(\alpha + \varphi_1)}$$

3. 偏心夹紧机构夹紧力的计算

圆偏心轮相当于一个曲线楔，由于圆偏心轮上各点升角不同，所以其上各点夹紧力也不相同，夹紧力随圆偏心轮的回转角的变化而变化。图2-79所示为圆偏心轮夹紧受力分析，设圆偏心轮手柄上作用有原始力矩 $M = F_Q L$，在力矩 M 的作用下，于圆偏心轮的任一夹紧接触点 X 处产生一夹紧力矩 $M' = F_Q'\rho$ 与之平衡，即 $F_Q L = F_Q'\rho$。

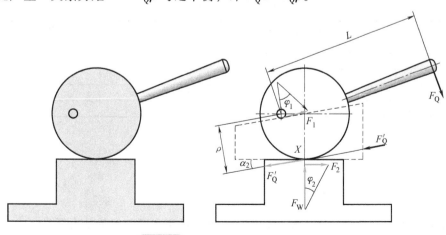

图2-79　圆偏心轮夹紧受力分析

为简化计算，把圆偏心轮的夹紧作用看作在基圆（或圆偏心轮回转轴）与夹紧接触点 X 之间楔入一个斜楔，其楔角等于圆偏心轮在该点升角 α_2，因此力 F_Q' 的水平分力 $F_Q'\cos\alpha_2$ 即为作用于假想斜楔大端的原始作用力。因为升角 α_2 很小，所以可以认为 $F_Q'\cos\alpha_2 \approx F_Q'$。

根据斜楔夹紧原理，可得圆偏心轮夹紧所产生的夹紧力为

$$F_W = \frac{F_Q'}{\tan(\alpha_2+\varphi_1)+\tan\varphi_2} = \frac{F_Q L}{\rho\left[\tan(\alpha_2+\varphi_1)+\tan\varphi_2\right]}$$

小提示

当 $\alpha_2 = \alpha_{max}$ 时，夹紧力最小，故一般只需校验该夹紧点的夹紧力即可。

▣▶ 任务实施

一、确定夹具夹紧力方向

引导问题 1

根据任务一确定的定位方案，确定工件夹紧力的方向，将讨论结果填入表 2-25。

表 2-25　夹紧力的方向

序号	夹紧力方向	选择依据
1		
2		
3		

二、确定夹具夹紧力作用点

引导问题 2

在引导问题 1 基础上，确定工件夹紧力作用点，把分析结果填入表 2-26。

表 2-26　夹紧力的作用点

序号	夹紧力作用点描述	作用点选择依据
1		
2		
3		
4		
5		

三、夹紧装置设计

引导问题 3

1）根据生产要求及企业或学校所具备的条件，确定夹紧装置的动力源为（　　　）。

A. 手动　　　　　　　B. 气动　　　　　　　C. 液压

2）设计夹紧装置的传力机构，建立传力机构三维模型。

3）设计夹紧机构的夹紧元件，建立夹紧元件的三维模型。

四、夹具对定方式及元件设计

引导问题 4

1）设计夹具底平面的结构形式，建立夹具体三维模型。

2）设计夹具与机床工作台的定位方式，选择合适的定位键，建立定位键三维模型。

3）设计夹具体与工作台的连接方式，选择合适的连接件，并建立它们的三维模型。

五、对刀装置设计

引导问题 5

确定对刀块的形状、安装位置及连接方式，建立对刀块及连接紧固件的三维模型。

结果评价

引导问题 6

根据表 2-27 所列内容对夹具夹紧方案进行评价。

表 2-27　夹具夹紧方案设计评价

序号	评价内容	评价结果	评价理由	备注
1	夹紧力是否垂直于主要的定位基准面			
2	夹紧力是否与切削力和工件重力同向			
3	夹紧力是否存在使工件倾斜、移动或是破坏工件定位的情况			
4	夹紧力是否使工件产生较大变形			
5	夹紧力是否有利于减少工件加工时产生的振动			
6	夹紧装置是否会损伤工件表面			
7	夹紧操作是否安全、可靠、方便、省力			

引导问题 7

整体评价夹具夹紧方案，指出夹具存在的不足之处，并提出改进方法，将讨论结果记录下来。

任务三　键槽铣削夹具结构设计与试产

📐 任务描述

1) 完成键槽铣削夹具的三维建模。
2) 对三维模型进行干涉检验。
3) 绘制键槽铣削夹具的零件图和装配图。
4) 制作夹具，通过生产检验夹具，对出现的问题进行改进。
5) 对夹具进行综合评价。

📐 任务实施

引导问题 1

用三维软件完成夹具整体建模与装配。

引导问题 2

从以下方面对夹具进行检验：
1) 检验夹具是否存在干涉。
2) 制作工件拆装动画，检查工件装夹动作是否迅速。
3) 对工件的受力情况进行有限元分析，检测工件变形对加工精度的影响（此工作酌情考虑是否实施）。

引导问题 3

根据表 2-28 所列内容，分析并讨论夹具的优化设计方案。

表 2-28　夹具的优化设计方案

序号	分析内容	分析结果	改进方案
1	夹具是否存在安全隐患		
2	夹具安装和工件拆卸是否简单快速		
3	夹具是否存在排屑困难的情况		
4	夹具是否满足生产率要求		
5	夹具中是否尽量采用标准件		
6	夹具中是否尽量利用企业已有的标准件		
7	现有生产工艺是否满足夹具中非标准件的生产要求		
8	夹具是否满足工件制造精度要求		
9	夹具的制造成本是否较低		

引导问题 4

绘制夹具装配图，并根据表 2-29 所列内容对装配图进行分析。

表 2-29 分析装配图

序号	分析内容	分析结果	改进方案
1	装配图结构要素是否完整		
2	装配图是否清楚地表达了零件间位置关系		
3	装配图是否清楚地表达了零件间的装配关系		
4	装配图尺寸是否完整		
5	装配图是否清楚地表达了所用标准件的规格和数量		
6	装配图是否清楚地表达了夹具的装配要求		
7	装配图是否符合国家或行业制图标准中的相关规定		

引导问题 5

绘制夹具零件图，并根据表 2-30 所列内容对零件图进行分析。

表 2-30 零件图的分析

序号	分析内容	分析结果	改进方案
1	零件图的结构要素是否完整		
2	零件图是否清楚地表达了零件结构		
3	零件图是否清楚地表达了零件的尺寸要求		
4	零件图是否清楚地表达了零件精度要求		
5	零件图是否清楚地表达了零件的表面粗糙度要求		
6	零件图是否清楚地表达材料要求		
7	零件图是否符合国家或行业制图标准中的相关规定		

引导问题 6

完成夹具的生产及装配，并根据表 2-31 所列内容对夹具进行分析。

表 2-31 夹具的生产及装配分析

序号	评价内容	分析结果	原因分析	改进方案
1	夹具结构存在问题			
2	夹具的安装是否顺利			
3	工件是否能顺利地安装在夹具上			
4	工件在夹具上是否定位准确			
5	工件在夹具上的安装是否稳固			
6	夹具动作是否顺畅			

引导问题 7

将夹具安装在机床上，完成工件的加工，并根据表 2-32 所列内容完成夹具的分析。

表 2-32 夹具的安装分析

序号	评价内容	分析结果	原因分析	改进方案
1	夹具能否顺利地安装在机床上			
2	夹具在机床上的定位是否准确			
3	夹具在机床上的安装是否牢固可靠			
4	工件在夹具上的安装和拆卸是否顺利			
5	夹具安装在机床上时,是否存在人身安装隐患			
6	工件安装在夹具上时,是否存在安全隐患			
7	工件在加工时是否存在移动现象			
8	工件在生产过程中是否存在其他异常现象			
9	加工后的工件尺寸是否满足工艺要求			

考核评价

　　以小组的形式共同完成本项目的学习,各组通过 PPT 向大家介绍自己的成果(包括但不限于:夹具设计方案、三维模型、工程图),各组根据表 2-33 和表 2-34 所列内容完成项目小组成绩和个人关键能力成绩的评定,根据下式完成个人成绩计算。

个人成绩=小组成绩×50%+个人关键能力成绩×50%

表 2-33 项目小组评价指标

组号		项目名称			
组长		组员			
序号	工作内容	评价指标		评分标准	得分结果
1	夹具设计方案的制订	工件定位方案设计合理,不存在过定位、欠定位等情况		5分	
		能根据国家(行业)标准正确选择定位元件		5分	
		定位误差满足零件加工精度要求		5分	
		工件夹紧方案设计合理,工件拆装方便迅速		5分	
		工件夹紧驱动方案设计合理,学校或企业具备实施驱动方案的条件		2分	
		夹紧可靠,切削过程中不存在工件移动现象		2分	
		夹具装配和调试方便		3分	
		夹具能被方便快捷地安装在机床工作台上		3分	
2	夹具工程图的绘制	图样符合国家或行业制图相关标准		3分	
		零件图内容要素完备		5分	
		零件图能正确表达零件结构		7分	
		装配图内容要素完备		5分	
3	夹具建模	能完成夹具零件三维模型建模		15分	
		能完成夹具装配三维模型建模		15分	
4	夹具生产、装配与试产	能正确装配夹具		10分	
		能成功试制生产夹具		10分	
总　分				100分	

表 2-34 个人关键能力评价表

班级		学号		姓名		
序号	关键能力	评价指标			分值	得分
1	信息获取	能够从复杂学习或工作任务中准确理解和获取完整关键信息			15分	
		能够围绕主要问题,按照一定的策略,熟练运用互联网技术,迅速、准确地查阅到与主题相关信息,并表现出较高查阅和检索技巧				
		能够对查阅的信息进行整理归纳,找出与解决问题相关的关键信息				
2	自主学习	养成课外学习或工作之余学习的习惯			15分	
		非常清楚自身不足,并确立学习目标,自主制订非常合理学习计划,计划实施性强				
		掌握符合自身特点的学习方法,能较快掌握新知识和新技能				
3	解决问题	能够迅速、准确地发现学习或工作中存在的问题			20分	
		形成自我分析问题思路,对于一个问题能够有较多种解决方案,并能找出较佳方案				
		常有创新性的解决思路和方法				
		定期对一些学习或工作经验、知识进行较好总结,并不断完善提高				
4	负责耐劳	具有较强的责任心,有较强高质量完成学习或工作任务的意识,做事一丝不苟			20分	
		严格遵守单位或部门的纪律要求,服从工作安排				
		团队协作时,能够积极主动地承担脏活、累活				
		心智成熟稳定,能够按照长远发展目标,从底层做起				
5	人际沟通	能撰写1000字以上的材料或一般工作计划,条理清晰,主次分明,表达准确,具有较强的文字表达能力			15分	
		善于倾听他人意见,并准确理解他人想法				
		语言表达条理清楚,重点突出,语句连贯,语意容易被理解				
		掌握人际沟通技巧,与他人沟通顺畅				
6	团队合作	在团队学习或工作中,能够很好地融入和信任团队,并能和他人协作,高质量完成复杂任务			15分	
		团队内部能够分工明确,各司其职,但又能主动热心帮助他人				
		合作中,能够以团队为中心,充分尊重他人和宽容他人,对于不同意见,能服从多数人意见				
总分					100分	

项目三

塑胶模具型腔板智能制造夹具设计

项目导读

　　模具成形技术具有高加工效率、高材料利用率、低生产成本、绿色环保等特点，是通过新材料、新工艺实现产品轻量化、达到节能降耗的重要手段。我国制造业使用了目前所有类型的模具，模具产业作为关联性最强、最广的基础制造业的代表性产业，素有"工业之母""效益放大器"之称。

　　模具型腔板是注塑模具的核心部件，型腔板的智能制造工艺已经比较成熟。本项目要求大家在了解、熟悉模具型腔板智能制造过程的基础上，能根据提供的塑胶模具型腔板零件图、生产工艺图和毛坯图，完成模具型腔板工装夹具设计和生产验证。

学习目标

（1）知识目标

1）了解塑胶模具型腔板智能制造工艺过程。

2）了解智能制造主要设备及其功能。

3）了解零点定位系统的概念、结构、功能及工作原理。

4）了解机外装夹的作用及实现原理。

5）了解随行夹具的概念及结构。

6）掌握随行夹具的设计方法。

7）了解机器人手爪的分类、结构及工作原理。

8）掌握机器人手爪选择方法。

9）了解机器人快换工具的概念、结构及选择方法。

（2）能力目标

1）能根据工件结构特点及加工工艺要求，设计机床夹具。

2）能根据工件智能制造工艺要求，设计合适的随行夹具。

3）能根据工件智能制造工艺要求，选择合适的机器人手爪。

（3）素质目标

1）能利用互联网、图书馆等渠道完成信息的收集与整理。

2）能与同学、老师对智能制造相关问题进行沟通和探讨。

3）能分析及解决项目实施过程中遇到的问题。

4）能倾听并理解他人想法，具备文字总结及表达能力。

5）能与团队协作共同完成项目。

任务一　夹具基本信息和要求分析

任务描述

观看塑胶模具型腔板的智能制造生产过程视频，完成下面三个任务：

1）分析塑胶模具型腔板的结构。

2）分析塑胶模具型腔板的切削加工工艺。

3）分析塑胶模具型腔板的智能制造工艺过程。

相关知识

一、塑胶模具型腔板智能制造相关资料

手机壳模具型腔零件图如图 3-1 所示；手机壳模具型腔毛坯图如图 3-2 所示。手机壳模具型腔加工工艺过程卡见表 3-1；塑胶模具型腔板智能制造设备清单见表 3-2。

二、塑胶模具型腔板智能制造工序

塑胶模具型腔板的智能制造生产流程包括准备毛坯、备料、铣削加工、3D 测量、放电加工，如图 3-3 所示。

1. 毛坯

塑胶模具型腔板的毛坯为立方体，材料为 3Cr2Mo（对应国外的牌号为 P20），通常为精料，加工时，其侧面和上下表面都不需要加工（图 3-2）。

2. 备料

备料的主要工作内容包括以下几点：

1）将塑胶模具型腔板毛坯安装在随行托板上。

2）在预调台上调试塑胶模具型腔板毛坯。

3）将塑胶模具型腔板毛坯信息输入 MES 系统。

MES信息输入

3. 铣削加工

利用零点定位系统，将塑胶模具型腔板毛坯固定在数控加工中心的工作台上，根据塑胶模具型腔板零件图和工艺过程卡的要求，铣削工件的型腔轮廓面、定位面和凸台。

4. 3D 测量

3D 测量包括以下两个工作内容：

1）完成毛坯备料后，在进入正式生产前，用三坐标测量仪检测工件几何中心，并将检测信息输入 MES 系统。

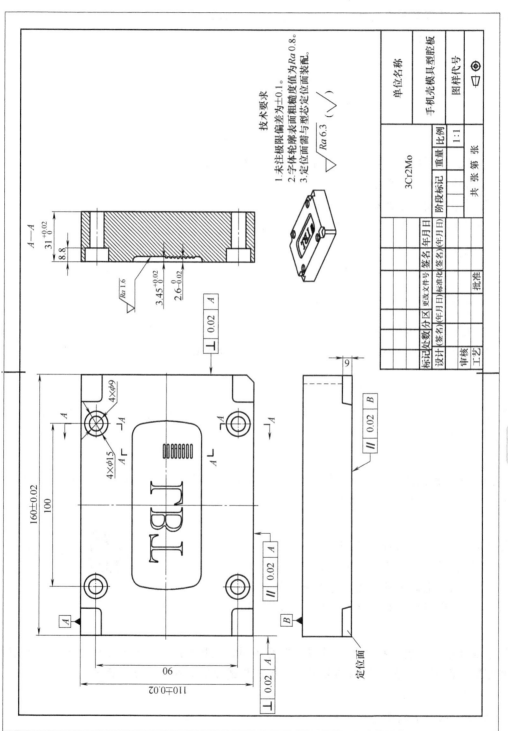

图 3-1 手机壳模具型腔板零件图

表 3-1　手机壳模具型腔板加工工艺过程卡

机械加工工艺过程卡片		产品名称型号	手机壳模具型腔板		零件图号	LBT-002	零件名称	手机壳模具型腔板	第 1 页　共 1 页
材料牌号	3Cr2Mo	毛坯种类	精料	毛坯外形尺寸	160mm×120mm×31mm	每毛坯件数	每台件数	1	备注
工序号	工序名称	工序内容				车间	设备	工艺装备	定额/min 准终　单件
01	数铣	粗加工型腔轮廓与定位面 半精加工凸台 精加工型腔轮廓面与定位面 精加工凸台						零点定位夹具 夹具托板 机器人手爪	
02	放电加工	放电加工字体轮廓						零点定位夹具 夹具托板 机器人手爪 电极头 电极手爪	
			编制	校对	审核	批准	会签		
更改标记	处数	更改依据	更改者	日期					

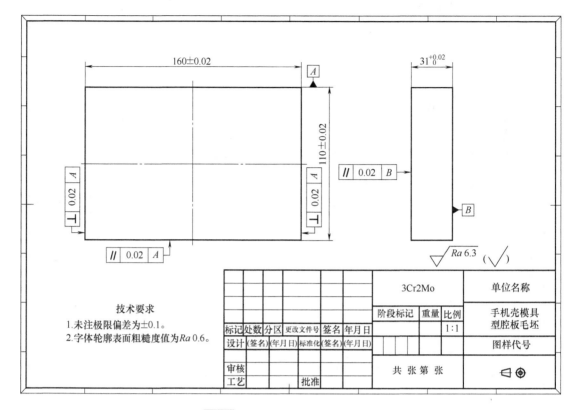

图 3-2　手机壳模具型腔板毛坯图

表 3-2　塑胶模具型腔板智能制造设备清单

序号	设备名称	规格型号	数量	单位	备注
1	预调台	LBT-YT001	1	个	
2	陈列式中转仓库	LBT-CC01A	1	个	
3	加工中心	VMC850Q	1	台	
4	三坐标测量仪	686	1	台	
5	数控火花机	HG45	1	台	
6	MES 系统	V1.0	1	套	
7	工业机器人	20kG	1	台	
8	工业机器人轨道	LBT-850L	1	套	

2）完成塑料模具型腔板的加工后，用三坐标测量仪检测塑胶模具型腔板的尺寸精度，并将检测信息输入 MES 系统。

5. EDM 放电加工

利用零点定位系统，将塑胶模具型腔板固定在数控火花机工作台上进行 EDM 放电加工。

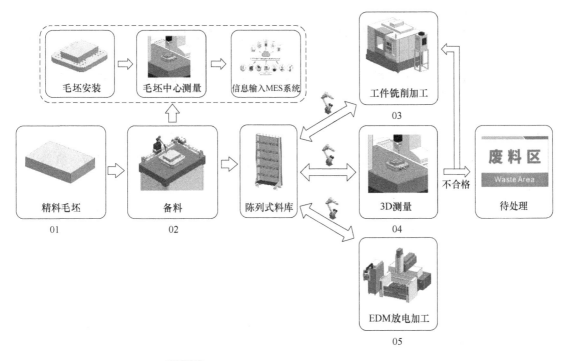

图3-3 塑胶模具型腔板的智能制造生产流程

当工件经铣削、3D测量、放电加工后，由机器将其放入陈列式料库中，以备后续加工。

任务实施

引导问题1

请同学们认真观看塑胶模具型腔板的智能制造视频，了解塑胶模具型腔板的智能制造生产过程，并回答以下问题：

1）塑胶模具型腔板是在_____（设备）上完成加工，在_____（设备）上进行3D检测，在_____（设备）进行EDM放电加工。

2）塑胶模具型腔板的生产过程包括以下内容。

① 备料阶段，技术人员将毛坯安装在_____，并完成____信息输入，然后放入_____待加工。

② 塑胶模具型腔板自动化加工阶段，_____将塑胶模具型腔板从_____中取出，放入_____中进行铣削加工，加工完后，_____再将塑胶模具型腔板从_____中取出，再放入_____中。

③ 对塑胶模具型腔板进行3D检测时，_____将塑胶模具型腔板从_____取出，放入_____中，检测完后_____将塑胶模具型腔板取出，放入_____中；

④ 在进行EDM放电加工时，_____将塑胶模具型腔板从_____取出，放入_____中，进行EDM放电加工，加工完后，_____将塑胶模具型腔板取出，放入_____中，至此，

完成了塑胶模具型腔板的整个加工过程。

3）在塑胶模具型腔板的智能制造过程中，塑胶模具型腔板经过了_____种加工设备，在这些设备中，塑胶模具型腔板是通过_____进行夹紧定位。

4）在塑胶模具型腔板的智能制造过程中，塑胶模具型腔板在各设备中转移装夹，是通过_____（设备）实现的。

引导问题 2

请大家分析讨论，在塑胶模具型腔板的智能制造过程中，为了抓取随行托板，机器人末端和随行托板上分别安装了什么部件？

_____

_____

_____

_____

引导问题 3

请大家分析讨论，为了满足智能制造要求，夹具除了满足基本的定位和夹紧要求外，还需要具备哪些功能？将讨论结果记录下来。

_____

_____

_____

_____

任务二 塑胶模具型腔板机床夹具设计

📐 任务描述

理解零点定位系统的工作原理，利用零点定位系统快速装夹、准确定位的特点，完成塑胶模具型腔板铣削加工和放电加工的工装夹具设计，设计的夹具应满足以下要求：

1）能满足工件铣削加工工艺要求。
2）能满足 EDM 火花机放电加工要求。
3）能满足工件在各设备上快速装夹和准确定位的要求。
4）能满足自动化生产信息交换要求。

📐 相关知识

一、零点定位系统

零点定位系统又称工装快换系统或零点定位器，是一种能实现工件快速定位和锁紧的装置，它可让工件在不同设备上实现精准定位（重复定位精度<5μm）和快速锁紧，从而达到减小装配工作量和提高生产率的目的，被广泛应用于自动化生产领域。

根据定位方式的不同，可将零点定位系统分为弹性零点定位系统和刚性零点定位系统。弹性零点定位系统主要通过弹性定位片实现定位，比较主流的品牌有瑞士的 EROWA 和 3R；刚性零点定位系统主要通过拉钉实现定位，目前市面上比较常见的品牌有德国的 AMF、SCHUNK、Zero Clamp，瑞士的 VB 等。

零点定位系统通常由定位片（刚性零点定位系统，没有定位片）、拉钉、卡盘和随行托板组成，如图 3-4 所示。

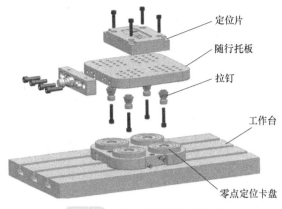

图 3-4　零点定位系统的组成

1. 定位片

定位片是一种定位元件，通常是弹性钢片，安装在随行托板（或工件）底部，用于确定随行托板（或工件）相对于卡盘的位置。图 3-5 所示为 EROWA 定位片，它上面有四个卡槽，工作时，将卡槽卡在卡盘（表 3-5 中的 EROWA 卡盘）的定位块

上，就能实现定位片与卡盘的相对定位。为了确保定位片相对于卡盘的重复定位精度，卡槽与卡盘定位块是过盈配合，即卡槽尺寸通常小于定位块的尺寸，这样避免了定位块经过多次使用后，因卡槽磨损而导致定位精度下降，影响生产质量。EROWA 定位片通过脚钉固定在随行托板（或工件）上，为保证安装精度，在安装完定位片后，可通过磨削加工确保各个脚钉等高。

图 3-6 所示为 3R 定位片，它把定位片和脚钉做成一体，将定位片安装在随行托板（或工件）上，可通过磨削加工确保工件的重复定位精度。

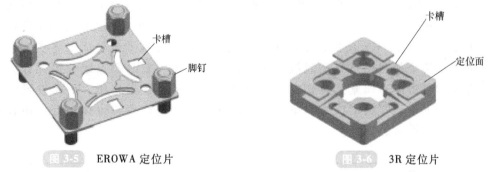

图 3-5　EROWA 定位片　　　　　　　　图 3-6　3R 定位片

EROWA定位片的使用

2. 拉钉

3R定位片的使用

拉钉是连接卡盘和随行托板（或工件）的元件，它通过螺纹连接固定在随行

拉钉

托板（或工件）上（注：3R 拉钉通过卡扣固定在定位片上）。工作时，弹性零点定位系统的拉钉只起锁紧作用，没有定位作用，刚性零点定位系统的拉钉同时起定位和锁紧作用。常用拉钉的结构见表 3-3。

表 3-3　常用拉钉的结构

序号	名称	图示	备注
1	3R 自动拉钉	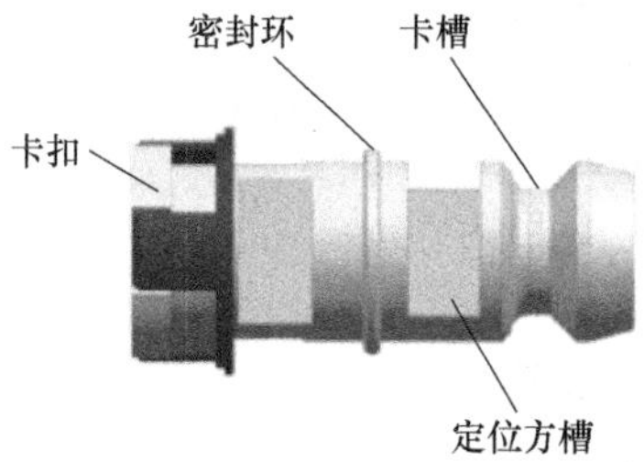 密封环　卡槽 卡扣 定位方槽	与 3R 弹性卡盘配合使用,安装时,通过卡扣安装在 3R 定位片上
2	EROWA 自动拉钉	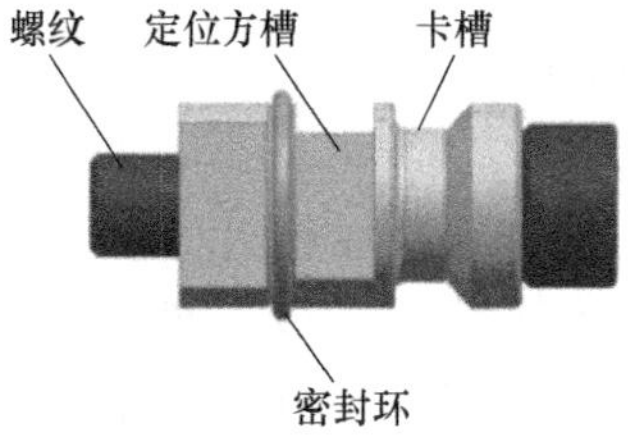 螺纹　定位方槽　卡槽 密封环	与 EROWA 弹性卡盘配合使用,安装时,通过螺纹连接方式固定在托板或工件上
3	刚性定位拉钉	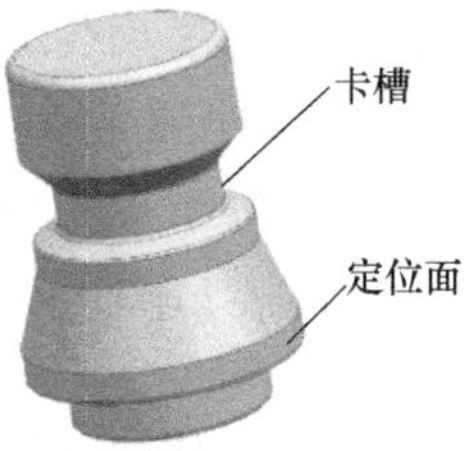 卡槽 定位面	普通拉钉,通常用在刚性定位系统卡盘上,安装时,通过螺纹连接方式固定在托板或工件上

根据拉钉不同的定位功能,可将刚性零点定位系统拉钉分为零点定位销、单向定位销和锁紧定位销三种,其功能见表 3-4。工作时,零点定位销的定位面与零点定位卡盘的定位面配合,对 x、y 方向的自由度进行限制;单向定位销的定位面与零点定位卡盘的定位面只有两个接触点,只能限制单一方向的自由度,它与零点定位销配合,可约束旋转方向的自由度;锁紧定位销没有定位面,它只能起锁紧作用,不起位置约束作用。需要注意的是,零点定位销和单向定位销除了上述的位置约束作用外,还有锁紧功能,能承受工作时的拉力。

表 3-4　刚性零点定位系统的拉钉功能

序号	名称	图示	功能
1	零点定位销	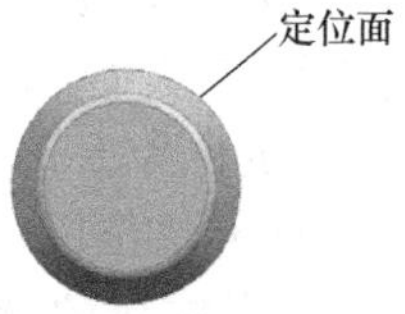 定位面	拉钉定位面与卡盘全面接触,实现完全定位和锁紧作用

（续）

序号	名称	图示	功　能
2	单向定位销	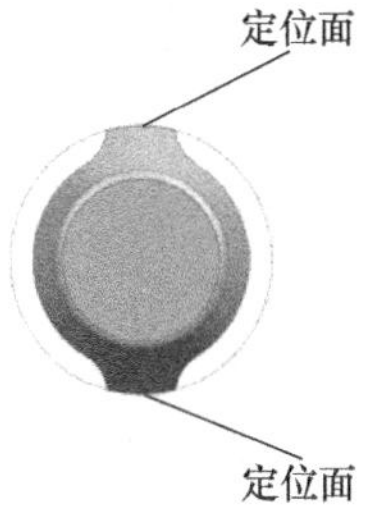 定位面　定位面	拉钉定位面与卡盘只有一个方向接触,实现单向定位和锁紧功能
3	锁紧定位销	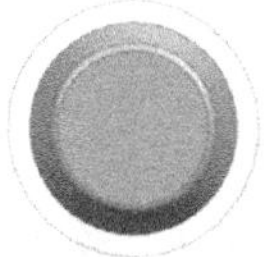	没有定位面,没有定位作用,只有锁紧功能

3. 卡盘

卡盘是具有锁紧功能的装置，根据驱动源的不同，可将其分为手动卡盘、气动卡盘和液压卡盘。使用时，通常将卡盘安装在机床工作台或夹具的基础板上。根据卡盘安装位置不同，又可将卡盘分为外置型卡盘和内置型卡盘。

（1）外置型卡盘　外置型卡盘安装在基础板外部，它的气管及控制阀体布置在工作台表面，这种安装方式需要占用较多设备加工空间。生产厂家可将外置型卡盘单独出售给客户，客户可根据实际情况自行安装卡盘。

（2）内置型卡盘　内置型卡盘嵌于基础板内部，只有少部分暴露于工作台之外，其气道设置在基础板内部，结构紧凑，工作可靠性高，使用方便。内置型卡盘通常由生产厂家安装调试完后，连同基础板一起出售给客户。

主流卡盘见表 3-5。卡盘结构如图 3-7 所示，它由卡盘主体、卡盘底盖、弹簧、活塞、钢珠定位套、拉钉钢珠、密封圈等主要零件组成。

零点定位卡盘上表面设置有气密孔，其作用是检测卡盘与随行托板（或工件）表面的接触情况。当卡盘与随行托板（或工件）接触良好时，手在气密孔附近不会感知到有气体排出，反之，能用手感知到气密孔附近有气体排出。

表 3-5　主流卡盘

序号	卡盘	图示	备　注
1	EROWA 卡盘	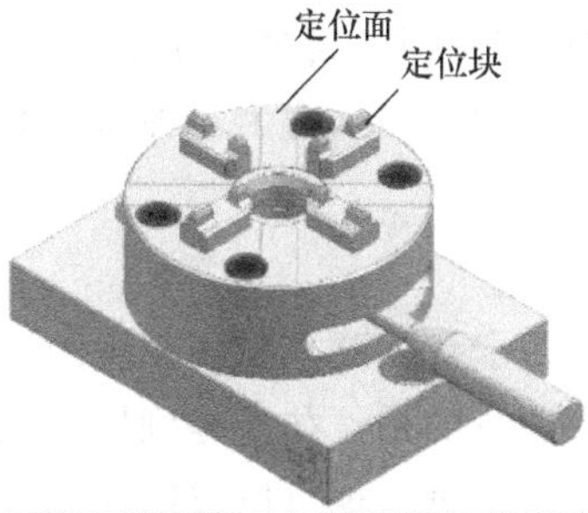 定位面　定位块	外置型、EROWA 手动卡盘

（续）

序号	卡盘	图示	备　注
2	3R 卡盘	定位面 定位块	外置型， 3R 手动卡盘
3	刚性定位卡盘	定位面	内置型气动卡盘

4. 零点定位系统的定位与锁紧

（1）零点定位系统的定位

1）水平方向定位：弹性定位系统是通过定位片上的卡槽与卡盘的定位块相互配合实现的；刚性定位系统是通过拉钉定位面与卡盘定位面接触实现的。

2）高度方向定位：EROWA 弹性定位系统通过脚钉与卡盘定位面接触实现定位；3R 弹性定位系统通过定位片的定位面与卡盘高度定位面接触实现定位；刚性定位系统通过拉钉定位面与卡盘定位面接触实现定位。

（2）零点定位系统的锁紧与解锁　零点定位系统通过卡盘上的钢珠（或其他元件）卡入拉钉上的卡槽实现锁紧功能。

1）卡盘锁紧。图 3-7 所示的零点定位卡盘处于锁紧状态，此时，活塞在弹簧的弹力作用下，通过活塞卡槽与钢珠的接触点向钢珠施加作用力，将钢珠向拉钉的卡槽内挤压，从而卡住拉钉，使拉钉处于锁紧状态。如果工件承受的力比较大，仅靠弹簧力还不足以锁住拉钉时，可通过增压进气孔通入压缩空气，与弹簧一起，让活塞承受更大的压力，从而实现增大拉钉锁紧力的目的。

2）卡盘解锁。解锁零点定位卡盘时，可通过卡盘松开进气孔通入压缩空气，同时打开增压进气孔，使活塞受到向上的推力，当推力大于弹簧力时，活塞向上移动，钢珠向活塞凹槽缩回，卡盘解锁。

5. 零点定位系统的使用

使用零点定位系统时，通常将卡盘安装在不同设备的工作台或夹具上，将定位片和拉钉安装在随行托板或工件上。需要注意的是，如果是刚性零点定位系统，则没有定位片。

根据实际情况，可以使用单个卡盘，也可以成组使用，当卡盘成组使用时，根据使用卡

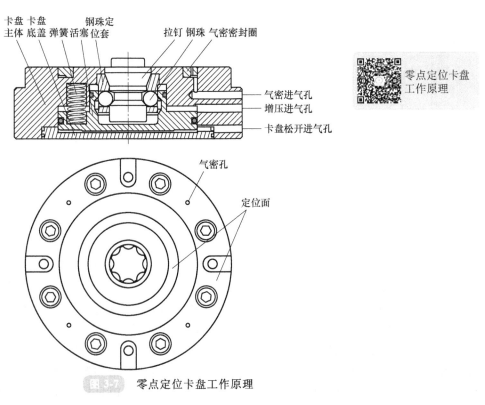

图 3-7 零点定位卡盘工作原理

零点定位卡盘工作原理

盘个数，可将定位方式可分为二联零点定位、四联零点定位、六联零点定位、八联零点定位，见表 3-6。

表 3-6 多联零点定位方式

序号	类型
1	二联零点定位
2	四联零点定位
3	六联零点定位

（续）

序号	类　型
4	八联零点位 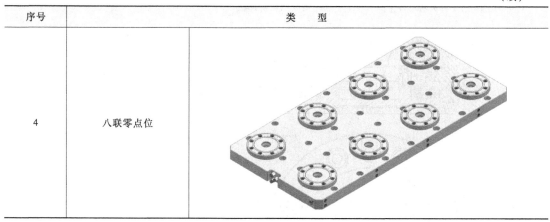

随行托板在不同设备间的重复定位精度主要取决于零点定位销和单向定位销的精度，锁紧定位销只起锁紧的作用。

应对不同类型拉钉进行合理的组合使用，在确保随行托板完全定位的前提下，应避免欠定位、过定位等情况出现。图 3-8 所示为拉钉的常见使用方法，图 3-8a 所示为零点定位销与单向定位销组合使用，零点定位销对 x、y 方向的自由度进行限制，单向定位销对旋转自由度进行限制。图 3-8b 所示为零点定位销、单向定位销和锁紧销组合使用，零点定位销和单向定位销的作用和图 3-8a 一样，在这里锁紧定位销只提供锁紧力，不对位置进行限制。

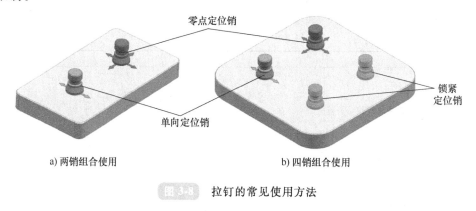

a) 两销组合使用　　　　　　　　　b) 四销组合使用

图 3-8　拉钉的常见使用方法

引导问题 1

用零点、零点定位、零点定位系统、快换系统等关键词在互联网上查找零点定位系统相关信息，完成以下任务。

1）列出国内外零点定位系统生产厂商，把您了解到的品牌列出来（除本书中提到的品牌）。

_____

_____

_____

2）找出两个以上的零点定位系统使用案例，将零点定位系统的使用场景和使用方法描述出来。

使用案例一

_____

_____

_____

使用案例二

_____

_____

_____

引导问题 2

表 3-6 中列出了多种卡盘成组使用方式，每种使用方式的卡盘数量和排列方式都不同，请大家思考，决定卡盘数量和排列方式的因素是什么？

_____

_____

_____

_____

引导问题 3

图 3-7 所示的卡盘通过钢球锁紧拉钉，请大家观察其他品牌的卡盘，了解它们的工作原理，相互讨论并思考：这些锁紧方式有哪些优缺点，是否有更好的锁紧方法？

_____

_____

_____

_____

二、智能制造机外装夹方法

机外装夹就是在工件进入智能制造产线前，在随行托板上完成工件的安装调试、信息测量、MES 系统输入等工作。机外装夹利用零点定位系统的优点，实现工件在智能产加工各设备的快速装夹，从而减少工件装夹对生产率的影响，充分发挥了智能产线的高效优势。

（一）工件机外装夹原理

1. 机床外部坐标偏移功能

机床外部坐标偏移是一种坐标补偿功能，在知道工件原点和程序原点相对位置时，通过此功能可以在不修改程序的情况下，实现不同位置工件的加工。

如图 3-9 所示，点 O_1 是程序原点，点 O_2 是工件原点，（x_2、y_2）是它们的相对坐标，将相对坐标输入机床系统后，机床外部坐标偏移功能会根据相对坐标将刀路偏移到点 O_2 位置，从而完成工件的加工。

利用机床外部坐标偏移功能，在同一机床只需要一次对刀，便可自动加工多个零件。如图 3-10 所示，点 O_1、O_2、O_3、O_4 是工件 1~4 的工件原点，只要把它们原点的相对坐标输入机床，完成工件 1 的对刀后，就能自动加工所有工件，避免多次对刀，从而节约时间，减少工作量。

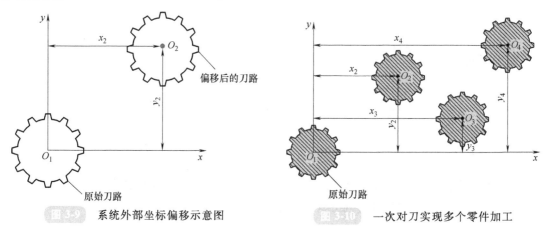

图 3-9　系统外部坐标偏移示意图　　　　图 3-10　一次对刀实现多个零件加工

2. 零点定位系统实现工件快速定位原理

在单机生产模式下，将工件安装在机床工作台时，需要通过对刀仪测量工件原点，用时较长，影响生产率。利用零点定位系统可以不用测量而直接确定工件原点，能节省大量测量时间，提高工作效率。具体做法是：先将工件安装在随行托板上，并通过随行托板固定在预调台的卡盘上，测量出工件几何中心相对于卡盘的坐标。在所有加工设备的工作台上预先安装好卡盘，并测量出卡盘在机床中的坐标。加工时，工件和随行托板一起通过卡盘固定在加工设备的工作台上，由于工件几何中心相对卡盘的坐标，以及卡盘在机床中的坐标均已知，所以可以确定工件几何中心在机床中的坐标。

如图 3-11 所示，点 O_1 是卡盘的几何中心，当工件在预调台上完成安装后，利用三坐标测量仪可以检测出工件几何中心相对于卡盘几何中心的坐标 (x, y)。工作时，工件和随行托板一起通过卡盘固定在机床 1 和机床 2 的工作台，此时，无论在哪个机床上，工件相对于卡盘的坐标相同，即 $(x、y)$。将卡盘安装到机床工作台后，可以测量出卡盘在机床中的坐标，如图 3-11 中的 $(x_1、y_1)$ 和 $(x_2、y_2)$，这样利用已知的坐标 $(x、y)$ 就可以计算出工件在机床中的坐标。

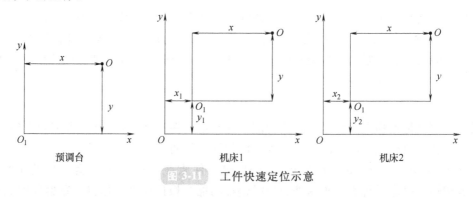

预调台　　　　　　　　机床1　　　　　　　　机床2

图 3-11　工件快速定位示意

注意：预调台是工件进入智能制造产线前，用于将工件安装在随行托板（或夹具）的工作台。

3. 工件机外装夹的方法

先将卡盘安装在各机床上，然后通过三坐标测量仪检测出卡盘几何中心坐标，如图 3-11 所示的（x_1、y_1）和（x_2、y_2），再测出工件与卡盘的相对坐标（x、y），这样就得到工件原点在各机床的位置。通过 MES 系统将相对坐标数据传送到机床数控系统，机床外部坐标偏移功能根据接收的数据将刀路偏移到工件上（图 3-9）。这样，所有工件只需要在预调台测量出它们的相对坐标后，便可通过零点定位系统快速安装在加工设备的工作台上直接加工，省去了再次测量的时间。

（二）工件机外装夹过程

1. 安装零点卡盘（以预调台为例，其他设备过程相似）

1）将零点卡盘安装在预调台上。

2）将卡盘基准板安装在卡盘上。

工件机外
装夹过程

3）用百分表校正卡盘，使基准板长、短边分别与预调台的 x、y 轴平行，如图 3-12 所示。

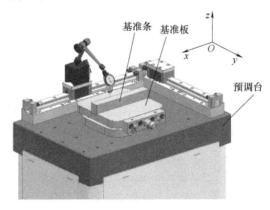

图 3-12　卡盘的平行校准

2. 工件的平行校准（如果工件是圆形，可省略这一步）

1）将随行托板安装在卡盘上并锁紧。

2）将工件放置在随行托板上（图 3-13），用螺钉预紧。

3）用百分表找正工件，使工件侧边分别与预调台的 x、y 轴平行。

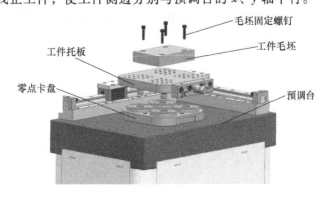

图 3-13　工件的平行校准

4）拧紧螺钉，使工件完全固定。

3. 测量工件几何中心坐标

1）将装有工件的随行托板安装在三坐标测量仪的零点卡盘上。

2）RFID 信息输入。

3）用三坐标测量仪依次完成图 3-14 所示八个点的坐标测量，三坐标测量仪自动计算出立方体几何中心坐标，并把几何中心坐标输入 MES 系统（如果是圆柱，则需测量圆柱面上等高的三个点）。

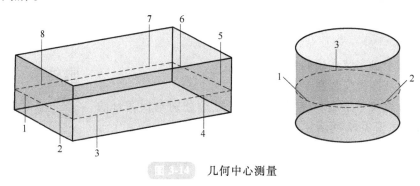

图 3-14　几何中心测量

引导问题 4

请大家思考：在机外装夹中，为什么工件只需要被测量一次，就可以知道工件在所有加工设备中的工件原点？要实现这种效果，有哪几个关键技术？

_____

_____

_____

_____

任务实施

1. 塑胶模具型腔板机床夹具信息获取

引导问题 5

大家利用图书馆、互联网等渠道，查询型号为 VMC850Q 的加工中心的功能、特点、及工作空间，将查询结果记录下来。

加工中心的功能：_____

_____

加工中心的特点：_____

_____

加工中心切削工件最大尺寸：_____

引导问题 6

大家通过互联网，以零点、零点定位系统为关键词，查询零点定位系统主要品牌，并选择其中一个零点定位系统品牌，深入了解这个品牌零点定位系统的特点、产品种类及主要规格型号，并完成相关信息记录。

零点定位系统主流品牌：＿＿＿＿＿＿＿＿＿＿＿＿＿＿＿＿＿＿＿＿＿＿＿＿

＿＿＿＿＿＿＿＿＿＿＿＿＿＿＿＿＿＿＿＿＿＿＿＿＿＿＿＿＿＿＿＿＿＿＿；

深入了解的零点定位系统品牌：＿＿＿＿＿＿＿＿＿＿＿＿＿＿＿＿＿＿＿＿＿

深入了解品牌的主要产品种类：＿＿＿＿＿＿＿＿＿＿＿＿＿＿＿＿＿＿＿＿＿

＿＿＿＿＿＿＿＿＿＿＿＿＿＿＿＿＿＿＿＿＿＿＿＿＿＿＿＿＿＿＿＿＿＿＿；

品牌零点定位系统特点：＿＿＿＿＿＿＿＿＿＿＿＿＿＿＿＿＿＿＿＿＿＿＿＿

＿＿＿＿＿＿＿＿＿＿＿＿＿＿＿＿＿＿＿＿＿＿＿＿＿＿＿＿＿＿＿＿＿＿＿；

引导问题 7

根据本项目工件的大小，充分考虑装夹方式，从该品牌中选择大小合适的随行托板及卡盘。

随行托板尺寸（长×宽×高）：＿＿＿＿＿＿＿＿

机床工作台需要安装的卡盘数量：＿＿＿＿＿＿＿＿

火花机工作台上需要安装的卡盘数量：＿＿＿＿＿＿＿＿

小提示

1）选择随行托板时要充分考虑工件大小及工件装夹位置。

2）选择卡盘数量时要以随行托板大小及切削力的大小为依据。

3）尽量从企业已有库存中选择。

4）要充分考虑零点定位系统品牌厂商现有的随行托板规格。

引导问题 8

画出在机床和 EDM 电加工机工作台上的卡盘平面布置图，要求确定卡盘摆放的具体位置，如果铣床和 EDM 火花机的布置图相同，可以只画一个。

机床卡盘平面布置图	EDM 电加工机卡盘平面布置图

引导问题 9

根据卡盘平面布置图，为随行托板选择合适的拉钉。零点定位销＿＿＿＿＿＿＿个，锁紧定位销＿＿＿＿＿＿＿个，单向定位销＿＿＿＿＿＿＿个；画出拉钉的平面布置图。

拉钉平面布置图

2. 塑胶模仁机床夹具结构方案设计

引导问题 10

根据提示，完成下列工作任务，并设计夹具结构方案：
1）确定工件夹紧受力点和夹紧力方向（画出示意图）。

夹紧力示意图

2）选择夹紧元件：_____

3）选择驱动方式为（   ）

A. 手动   B. 气动   C. 液压   D. 电动

4）设计传力机构（画出示意图）。

传力机构示意图

5）机床夹具与各设备的定位固定方式设计。

小提示

可直接将工件安装在随行托板上，也可以先将工件安装在夹具上，再通过夹具与随行托板固定，这里需要考虑的问题包括：

① 工件拆装是否方便？

② 工件与随行托板如何连接固定？

③ 随行托板能否重复利用？

④ 此方案是否经济？

引导问题 11

大家分析讨论：工件固定在随行托板上需要准确定位吗？为什么？

_____

_____

引导问题 12

用 Creo、UG 或 Solidworks 软件完成机床夹具三维模型的绘制，内容包括：随行托板，拉钉、工件、定位元件、夹紧元件，要能表达出拉钉的布置方式、工件定位和夹紧方案。

⊅》结果评价

引导问题 13

分析并讨论加工塑胶模具型腔板的机床夹具应具备的功能，并依此制订机床夹具的评价标准和指标。

引导问题 14

根据引导问题 13 的讨论结果，对加工塑胶模具型腔板的机床夹具的设计方案进行评价（表 3-7），并提出相应的改进方案。

表 3-7　加工塑胶模具型腔板的机床夹具设计方案评价

序号	评 价 指 标	评价结果	改进方案
1	夹具模型是否依据真实尺寸绘制		
2	工件装夹是否牢靠		
3	工件定位精度是否满足加工要求		
4	是否采用了比较经济的技术方案		
5	是否有第二种夹具方案，如果有，请提出		

任务三　塑胶模具型腔板搬运方案设计

⊅》任务描述

了解塑胶模具型腔板的自动化生产流程，完成以下工作：

1）对任务二设计的机床夹具进行改进，使其满足机器人搬运要求。

2）为机器人选择合适的手爪，使其满足机床夹具搬运要求。

⊞》相关知识

一、随行夹具

（一）随行夹具的概念

随行夹具是一种跟随工件一起在产线工位流转的夹具，用于夹紧和定位外形不规则，不便于自动定位、夹紧和运送的工件，比如箱体、汽车车架等。将工件安装在随行夹具上，让随行夹具随工件一起在产线工位流转，可解决因工件外形不规则、结构复杂造成的运输、装夹和定位等问题，同时，也便于让机械手夹取工件，使其在机床上装夹更便捷、高效。目前，随行夹具已广泛应用于各行业的自动化生产线。

需要注意的是，本章所介绍的随行夹具特指应用在金属加工领域智能产线的随行夹具，它与应用在其他行业自动化生产线上的随行夹具有所不同。

（二）随行夹具的功能和结构

1. 随行夹具的功能

1）能对工件进行装夹和定位。随行夹具主要用于外形不规则的产品。外形不规则的产品短时间内难以准确定位，定位时需要考虑较多因素，在各产线工位装夹时，需要花费较长的时间找正。通过随行夹具对工件进行定位并夹紧，在各产线工位只要对随行夹具进行定位和夹紧即可，这种方式有效降低了工件定位难度，提高了工作效率。

2）能与工作台定位和固定。随行夹具通常和工件一起放置在设备工作台上，为提高工作效率，随行夹具应该能方便快捷地在工作台上进行定位和夹紧。

3）便于搬运。因为随行夹具和工件一起流转，搬运工件就是搬运随行夹具。设计随行夹具时，要充分考虑随行夹具的搬运方式，制订详细的搬运方案。

2. 随行夹具的结构

随行夹具通常由工件夹紧定位装置、工件托板、拉钉、把手等结构组成，如图 3-15 所示。随行夹具通过定位元件、夹紧元件实现工件在夹具上的定位和固定，利用拉钉与零点卡盘或机器人末端执行器连接，实现夹具与设备工作台、机器人的定位连接。

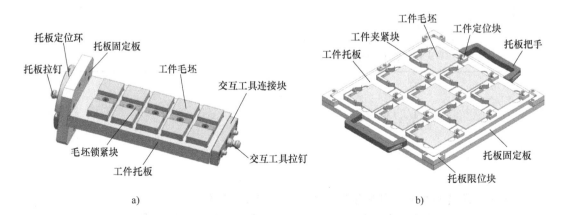

a)   b)

图 3-15　随行夹具的结构

（三）随行夹具设计要求

1）确保工件在随行夹具上定位准确、夹紧牢靠，并能承受机床切削力。

2）确保搬运过程中随行夹具的安全可靠。

3）确保随行夹具在机床或其他设备上的定位准确、夹紧牢靠。

（四）随行夹具设计步骤

随行夹具设计步骤如图 3-16 所示。设计时，先根据智能制造工艺要求确定随行夹具应具备的功能，再根据企业的生产条件，制订随行夹具设计方案，然后完成具体产品设计，最后试产验证。

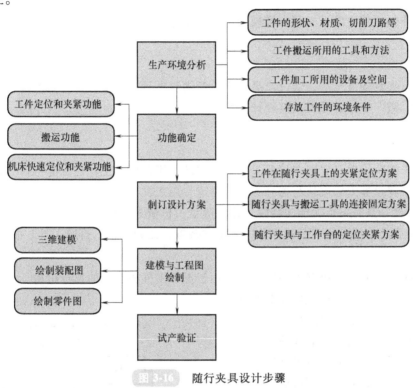

图 3-16 随行夹具设计步骤

1. 生产环境分析

生产环境分析是指分析工件智能加工的过程及环境，包括分析工件的形状、材质、切削刀路等，以确定工件在随行夹具上的夹紧和定位方案；分析随行夹具的搬运工具和方法，比如工件是用什么方法实现在各加工设备间的流转，是通过机械手搬运，还是通过 AGV 小车搬运，或是通过传送带传送，只有确定工件的搬运方法，了解搬运所使用的工具，才能制订随行夹具应具备的功能；分析工件加工方案，以确定工件在机床上夹紧和定位的方式，从而考虑是通过机器人将单个工件从随行夹具夹取到机床上，还是将随行夹具连同工件一起夹取到机床上。除此以外，也要考虑工件在仓库的存放方法，要考虑工件如何从仓库取出，放置在随行夹具中，或是随行夹具在仓库中如何存入和取出，考虑仓库是否有足够空间允许随行夹具放置。

2. 功能确定

随行夹具通常具备工件定位和夹紧、搬运及机床快速定位和夹紧三个功能。工件定位和夹紧功能是指随行夹具具有对工件进行定位和夹紧功能；搬运功能是指随行夹具具备被机器人夹紧搬运，或是被 AGV 小车或其他搬运工具搬运的条件；机床快速定位和夹紧功能是指随行夹具能与设备工作平台进行快速定位和夹紧。

3. 制订设计方案

通常要制订三个具体方案：工件在随行夹具上的定位和夹紧方案，搬运时随行夹具与搬运工具的连接固定方案，随行夹具在设备工作台上的定位和夹紧方案（此方案不是必须）。

4. 建模与工程图绘制

具体工作包括建立随行夹具三维模型，对模型进行干涉检查和受力分析，绘制装配图和零件图。

5. 试产验证

完成随行夹具的试生产，通过产品生产检验随行夹具的质量，针对试产过程中出现的问题进行分析，进一步完善随行夹具设计方案。

二、机器人末端执行器

机器人末端执行器是安装在机器人手臂的末端，用以执行工作任务的机构。根据作业任务的不同，可将机器人末端执行器分为夹持器或专用工具等。

1）夹持器是具有夹持功能的装置，比如吸盘、机械人手爪等。

2）专用工具是用以完成某项作业所需要的装置，比如焊枪、打磨工具、涂胶工具等。

（一）机器人手爪

机器人手爪是固定在机器人手臂末端，用于握持工件或工具的执行机构。机器人手爪是工业自动化后，为实现工业机器人对各种不同物体的抓取而设计制造的集机、电、液一体的机构，可看成是机器人的一种延伸，是实现机器人功能的最后关键环节。

按其握持工件的原理，可将机器人手爪分成夹持和吸附两大类。根据手爪中手指的工作原理，夹持类手爪又可分为张角式和平移式两种；吸附类手爪中，根据吸附原理的不同，可分为气吸式和磁吸式，如图 3-17 所示。

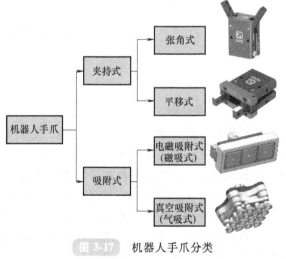

图 3-17 机器人手爪分类

（二）机器人手爪的结构

夹持式手爪由手指、传动机构和驱动装置三部分组成，能抓取轴、盘、套等各种形状的工件。一般情况下，它多采用两指，少数采用三指或多指。手爪的驱动装置为传动机构提供动力，通常有液压、气动和电动等形式，如图 3-18 所示。常见的传动机构往往通过滑槽、斜楔、齿轮齿条、连杆等机构实现手爪的夹紧或松开，如图 3-19 所示。

图 3-18　手爪驱动方式

图 3-19　手爪传动结构

（三）机器人手爪的工作原理

平移式手爪的夹紧或松开通过手指的平行移动方式实现，它对物体的夹持较平稳，适于夹持平板、方料等。在夹持直径不同的圆棒时，不会引起中心位置的偏移。但这种手爪的结构比较复杂、体积大，有较高的加工精度要求。

张角式手爪的夹紧或松开通过手指根部（以枢轴支点作为中心）的回转运动实现。根据枢轴支点的个数不同，可将张角式手爪分为单支点回转型和双支点回转型。枢轴支点为一个的是单支点回转型；枢轴支点为两个的是双支点回转型。张角式手爪结构简单，形状小巧，但夹持不同工件会产生夹持定位偏差，需要根据夹持对象的形状在手爪末端安装特殊形状手指，以保证夹持的稳定性。

（四）常用机器人手爪

表 3-8 列出了常用机器人手爪的类型。

表 3-8　常用机器人手爪的类型

序号	名称	图示	备注
1	电极手爪 电极手爪使用		专门用于电极夹头的搬运，属于气动平移型手爪
2	气动张角式 二指手爪		适用于棒料的抓取

（续）

序号	名称	图示	备注
3	气动平移式二指手爪	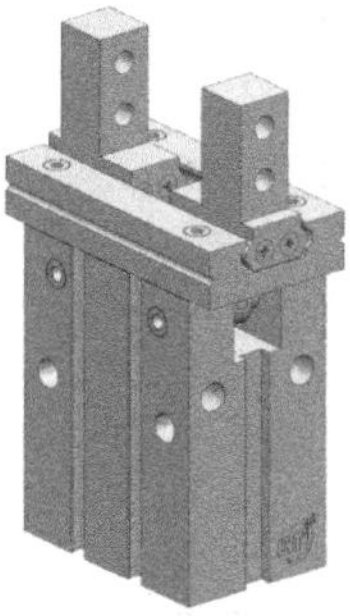	可抓取棒料和方料
4	气动平移式三指手爪	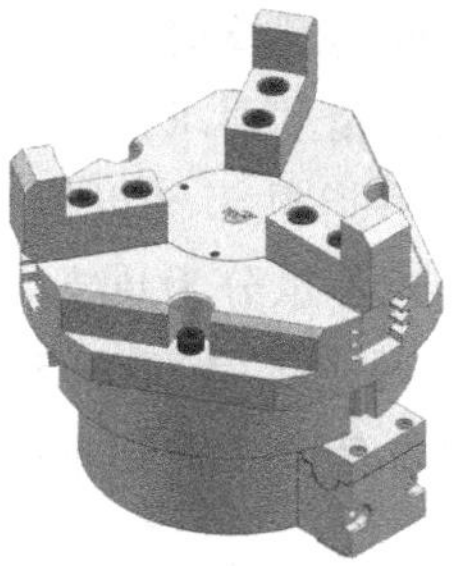	具有三个手指,采用平动方式,工作时,可根据工件的形状更换不同的手指形状,具有自定心功能
5	气动平移式四指手爪		具有四个手指,采用平动方式,手指形状可根据工件的形状进行更换,可夹持方料
6	锻造专用手爪		专门用于锻造的机器人手爪
7	电永磁吸盘　电磁吸附式机床夹具工作原理	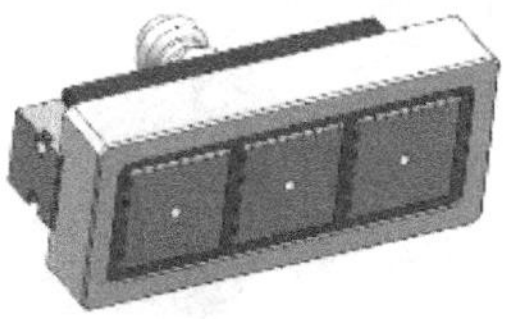	吸合工件时,电磁线圈通过一个瞬间励磁电流,改变吸盘内的磁极方向,让吸盘产生磁力,吸盘处于充磁状态;释放工件时,电磁线圈也通过一个瞬间励磁电流,改变吸盘内的磁极方向,让吸盘表面磁力线消失,吸盘处于退磁状态

（续）

序号	名称	图示	备注
8	真空吸盘 真空吸附式机床夹具工作原理	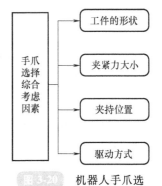	工作时，通过抽真空使手爪对工件产生吸力，主要用于光面和薄型零件的抓取

（五）机器人手爪的选择方法

选择机器人手爪需要综合考虑抓取工件的形状、夹紧力大小、夹持位置、驱动方式，如图 3-20 所示。合适的机器人手爪应该能确保机器人夹持工件稳定可靠，取、放工件过程中不能与其他设备产生干涉。

按外形的不同，可将工件分为形状规则和不规则两种，规则的工件外形包括圆形、四边形、和多边形。为保证夹持的可靠性，除了可以选择张角式、平移式手爪外，还要根据工件形状选择合适的手爪形状和材料，以使手爪更贴合工件外形，并增加手爪和工件接触面的摩擦力。

选择手爪时还要综合考虑工件的重量，机器人搬运过程中的不平稳性，取放工件及搬运过程偶发的轻微碰撞所产生的额外冲击力，要在充分考虑以上因素的基础上选择具有合适夹紧力的手爪。手爪的夹紧力也不是越大越好，太大的夹紧力有可能使加工好的工件表面遭到破坏。

当使用手爪对机床卡盘上的工件进行夹持时，一般情况下对夹持的位置有一定的要求（特别是夹持已加工好的工件时），要充分考虑工件的大小、形状和材质，选择合适的手爪，以保证能顺利夹持工件又不损坏工件。

选择手爪驱动方式要考虑的问题有两个：一是工作现场具备的条件，二是所需夹紧力的大小。要根据工作现场具备的条件，充分考虑所需夹紧力大小，选择合适的手爪。

图 3-20　机器人手爪选择综合考虑因素

三、机器人快换工具

（一）快换工具的概念

机器人快换工具又称自动工具转换装置（ATC）、机器人工具转换、机器人连接器、机器人连接头等，是安装在机器人末端，使机器人能自动快速更换工具的装置。它能够让工业机器人根据工作的需要自动地更换手爪、吸盘、焊枪、打磨砂轮等机器人末端执行器，使机器人变得更柔性。

（二）快换工具的功能和结构

机器人快换工具由主侧和工具侧两部分组成，如

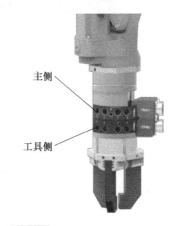

主侧

工具侧

图 3-21　机器人快换工具的组成

图 3-21 所示，它们可以自动锁紧连接，并且可以连通和传递电信号、气体、水等介质。快换工具的主侧安装在机器人、数控机床或者其他设备上，工具侧安装在机器人手爪、焊枪或毛刺清理工具等机器人末端执行器上，如图 3-22 所示。大多数的机器人快换工具使用气体锁紧主侧和工具侧。

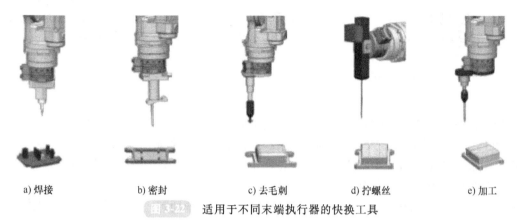

a) 焊接　　　　b) 密封　　　　c) 去毛刺　　　　d) 拧螺丝　　　　e) 加工

图 3-22　适用于不同末端执行器的快换工具

机器人快换工具包括定位、锁紧和介质导通三部分。图 3-23 所示为快换工具的主侧，由导气模组、电信号模组、销和锁紧机构四部分组成；图 3-24 所示为工具侧，由电信号模组、销孔组成。

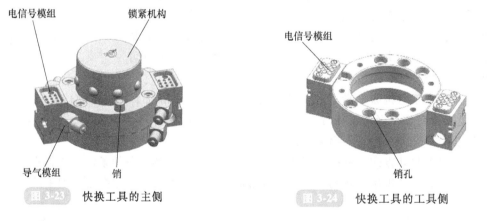

图 3-23　快换工具的主侧　　　　　　　图 3-24　快换工具的工具侧

图 3-25a 所示为切削加工领域常用的快换工具主侧，图 3-25b 所示为与它配合使用的工

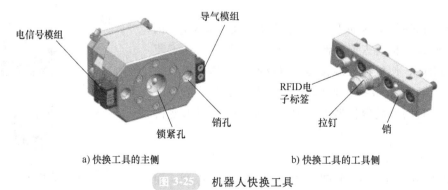

a) 快换工具的主侧　　　　　　　b) 快换工具的工具侧

图 3-25　机器人快换工具

具侧。主侧安装在机器人上，工具侧安装在随行夹具、工件托板或工件上。

任务实施

塑胶模具型腔板搬运方案设计及机器人手爪选择

引导问题 1

分析工件智能制造过程，在表 3-9 中列出工件从备料到 EDM 放电加工过程中，所使用的设备，并分析各设备在智能制造过程中所起的作用。

表 3-9　自动化生产过程中各设备名称及作用

序号	设备名称	作　　用
1		A. 存储工件　B. 切削工件　C. 测量工件　D. 其他_____
2		A. 存储工件　B. 切削工件　C. 测量工件　D. 其他_____
3		A. 存储工件　B. 切削工件　C. 测量工件　D. 其他_____
4		A. 存储工件　B. 切削工件　C. 测量工件　D. 其他_____
5		A. 存储工件　B. 切削工件　C. 测量工件　D. 其他_____

引导问题 2

用机器人手爪抓取随行托板，可实现工件在各设备间的搬运。了解机器人手爪的相关知识，选择合适的机器人手爪，完成随行托板抓取方案的设计。

机器人手爪类型：_____。

引导问题 3

按照引导问题 2 讨论的随行托板抓取方案，对任务二设计的随行托板三维模型进行完善，使随行托板满足机器人搬运要求。

结果评价

根据引导问题 1、2 的讨论结果，提出加工塑胶模具型腔板机床夹具修改方案的评价指标（表 3-10），根据评价指标对修改方案进行评价。

表 3-10　加工塑胶模具型腔板机床夹具评价表

序号	评价指标	评价结果	改进方案
1	机器人能否抓取机床夹具		
2	机器人抓取机床夹具是否牢固		
3	机器人能否抓取机床夹具并将它放入自动化仓库		
4	机器人能否抓取机床夹具，并将它放置在设备工作台上		
5			
6			

任务四　塑胶模具型腔板夹具试产与优化设计

任务描述

绘制随行夹具工程图，完成随行夹具的生产和装配，并在智能产线上试运行，通过试运行问题并对夹具结构进行修正和优化。

任务实施

引导问题 1

完成机床夹具和随行夹具零件图的绘制，并根据表 3-11 所列内容对零件图进行分析和评价。

表 3-11　零件图评价表

序号	分析内容	分析结果	改进方案
1	零件图的结构要素是否完整		
2	零件图是否能清楚地表达零件结构		
3	零件图是否能清楚地表达尺寸要求		
4	零件图是否能清楚地表达加工精度要求		
5	零件图是否能清楚地表达表面粗糙度要求		
6	零件图是否能清楚地表达材料要求		
7	零件图是否符合国家或行业制图标准中的相关规定		

引导问题 2

完成机床夹具和随行夹具装配图的绘制，并根据表 3-12 所列内容对装配图进行分析和评价。

表 3-12　装配图评价表

序号	分析内容	分析结果	改进方案
1	装配图的结构要素是否完整		
2	装配图是否能清楚地表达零件间的位置关系		
3	装配图是否能清楚地表达零件间的装配关系		
4	装配图的尺寸是否完整		
5	装配图是否能清楚地表达所使用的标准件规格和数量		
6	装配图是否能清楚地表达夹具的装配要求		
7	装配图是否符合国家或行业制图标准中的相关规定		

小提示

完整的装配图应包括装配视图、零件序号、零件材料、装配尺寸、技术要求等内容。

引导问题 3

完成夹具的生产及装配，记录生产和装配过程中出现的问题，分析问题原因，提出改进方案，见表 3-13。

表 3-13　夹具装配问题分析及改进

序号	评价内容	分析结果	原因分析	改进方案
1	夹具零件加工是否存在问题			
2	夹具安装是否顺利			
3	工件是否能顺利地安装在夹具上			
4	工件在夹具上的定位是否准确			
5	工件在夹具上的安装是否稳固			
6	夹具动作是否顺畅			

引导问题 4

按照生产工艺流程，将夹具在生产线上试运行，列出试运行时出现的问题，分析问题产生的原因，并提出改进方案，见表 3-14。

表 3-14　夹具试生产问题分析及改进

序号	问题描述	原因分析	改进方案
1			
2			
3			
4			
5			

引导问题 5

该项目的实施，对我们以后的学习、工作有什么启发？特别是作为现代技术人员应该具备什么样的职业道德、职业素养和职业精神？

_____

_____

_____

考核评价

以小组的形式共同完成本项目的学习，各组通过 PPT 向大家介绍自己的成果（包括但不限于：夹具设计方案、三维模型、工程图），各组根据表 3-15 和表 3-16 所列内容完成项目小组成绩和个人关键能力成绩的评定，根据下式（3-1）完成个人成绩计算。

个人成绩＝小组成绩×50%＋个人关键能力成绩×50%

表 3-15　项目小组评价指标

组号		项目名称				
组长		组员				
序号	工作内容	评价项目	评价指标	评分标准	得分结果	
1	夹具设计方案的制订	随行托板的选择	工件、夹紧元件及定位元件能完全布置在随行托板内	3分		
			随行托板能购买得到,或者它是学校或企业现有的随行托板规格	2分		
		工件定位及夹紧设计	工件定位方案设计合理,不存在过定位、欠定位等情况	5分		
			工件夹紧方案设计合理,工件安装方便可靠	8分		
			工件夹紧驱动方案设计合理,学校或企业具备实施驱动方案的条件	2分		
		工件托板在设备上的定位方案设计	选择的卡盘数量合理,不存在卡盘数量太少,导致工件托板不能完全定位,或卡盘数量过多,导致工件托板过定位等问题	5分		
			随行托板能快速夹紧并固定在卡盘上	5分		
2	夹具图的绘制		图样符合国家或行业制图相关标准	3分		
			零件图内容要素完备	5分		
			零件图能正确表达零件结构	7分		
			装配图内容要素完备	5分		
3	夹具建模		能完成夹具零件三维模型建模	15分		
			能完成夹具装配三维模型建模	15分		
4	夹具生产、装配与试产		能正确装配夹具	10分		
			能成功试制生产夹具	10分		
总　分				100分		

表 3-16　个人关键能力评价表

班级		学号		姓名		
序号	关键能力	评价指标			分值	得分
1	信息获取	能够从复杂学习或工作任务中准确理解和获取完整关键信息			15分	
		能够围绕主要问题,按照一定的策略,熟练运用互联网技术,迅速、准确地查阅到与主题相关信息,并表现出较高查阅和检索技巧				
		能够对查阅的信息进行整理归纳,找出与解决问题相关的关键信息				
2	自主学习	养成课外学习或工作之余学习的习惯			15分	
		非常清楚自身不足,并确立学习目标,自主制订合理学习计划,计划实施性强				
		掌握符合自身特点的学习方法,能较快掌握新知识和新技能				

（续）

序号	关键能力	评价指标	分值	得分
3	解决问题	能够迅速、准确地发现学习或工作中存在的问题	20分	
		形成自我分析问题思路,对于一个问题能够有较多种解决方案,并能找出较佳方案		
		常有创新性的解决思路和方法		
		定期对一些学习或工作经验、知识进行较好总结,并不断完善提高		
4	负责耐劳	具有较强的责任心,有较强高质量完成学习或工作任务的意识,做事一丝不苟	20分	
		严格遵守单位或部门的纪律要求,服从工作安排		
		团队协作时,能够积极主动地承担脏活累活		
		心智成熟稳定,能够按照长远发展目标,从底层做起		
5	人际沟通	能撰写1000字以上的材料或一般工作计划,条理清晰,主次分明,表达准确,具有较强的文字表达能力	15分	
		善于倾听他人意见,并准确理解他人想法		
		语言表达条理清楚,重点突出,语句连贯,语意容易被理解		
		掌握人际沟通技巧,与他人沟通顺畅		
6	团队合作	在团队学习或工作中,能够很好地融入和信任团队,并能和他人协作,高质量完成复杂任务	15分	
		团队内部能够分工明确,各司其职,但又能主动热心帮助他人		
		合作中,能够以团队为中心,充分尊重他人和宽容他人,对于不同意见,能服从多数人意见		
总　分			100分	

项目四

齿轮固定轴智能制造夹具设计

项目导读

　　齿轮固定轴是典型轴类零件，而轴类零件是非常重要的零件类型。本项目要求大家在了解典型轴类零件的智能制造工艺过程，学习相关先进工艺装备的基础上，根据提供的齿轮固定轴零件图、生产工艺图和毛坯图，完成齿轮固定轴的加工工艺分析，设计和生产验证相关夹具。

　　学习目标

（1）知识目标

1）了解轴类零件的切削加工工艺。

2）了解轴类零件智能制造工艺过程。

3）了解典型车床卡盘的类型、结构和工作原理。

4）掌握车床卡盘的选择方法。

（2）能力目标

1）能根据轴类零件的切削加工工艺要求，选择合适卡盘。

2）能根据轴类零件智能制造工艺要求，设计搬运夹具。

3）能根据轴类零件智能制造工艺要求，设计机械手爪。

（3）素质目标

1）能利用互联网、图书馆等渠道完成信息的收集与整理。

2）能与同学、老师对智能制造相关问题进行沟通和探讨。

3）能分析及解决项目实施过程中遇到的问题。

4）能倾听并理解他人想法，具备文字总结及表达能力。

5）能与团队协作共同完成项目。

任务一　夹具基本信息和要求分析

　　任务描述

　　观看齿轮固定轴的智能制造生产过程视频，完成下面三个任务：

1）分析齿轮固定轴的结构。

2）分析齿轮固定轴的加工工艺。

3）分析齿轮固定轴的智能制造工艺过程。

相关知识

一、齿轮固定轴智能制造相关资料

齿轮固定轴零件图如图 4-1 所示，其毛坯图如图 4-2 所示。齿轮固定轴加工工艺过程卡见表 4-1，其智能制造设备清单见表 4-2。

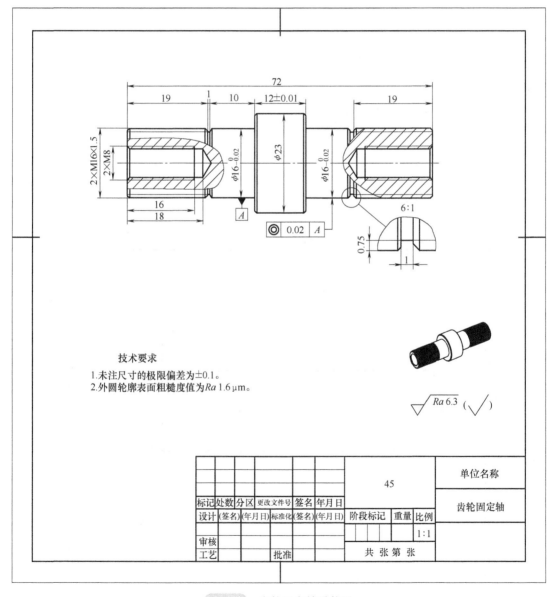

图 4-1　齿轮固定轴零件图

表 4-1　齿轮固定轴加工工艺过程卡

机械加工工艺过程卡片			产品名称型号	零件图号	零件名称	第1页
					齿轮固定轴	共1页

材料牌号	45	毛坯种类	毛坯	毛坯外形尺寸	φ25mm×75mm	每毛坯件数	1	每台件数	1	备注	

工序号	工序名称	工序内容		车间	设备	工艺装备	定额/min	
							准终	单件
01	数车	夹一端,留 45mm 长度,粗车圆柱端面,粗车圆柱外圆至 φ23mm 尺寸处(留 0.2mm 余量)			数控车床			
02		精车圆柱端面,精车圆柱外圆至尺寸						
03		车螺纹退刀槽,车 M16 外螺纹,钻 φ6.9mm 孔,攻 M8 内螺纹孔						
04	数车	调头,夹 φ23mm 外圆,粗车圆柱端面,粗车 φ16mm 圆柱外圆(留 0.2mm 余量)			数控车床			
		精车圆柱端面,精车圆柱外圆						
05		车螺纹退刀槽,车 M16 外螺纹,钻 φ6.9mm 孔,攻 M8 内螺纹孔						
			编制	校对	审核	批准	会签	
更改标记	处数	更改依据	更改者	日期				

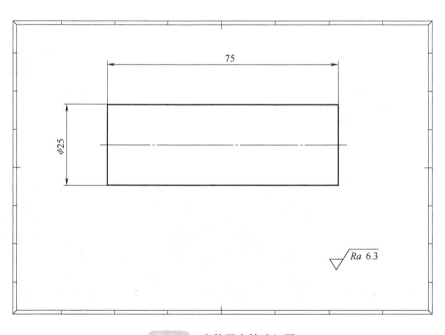

图 4-2　齿轮固定轴毛坯图

表 4-2 齿轮固定轴智能制造设备清单

序号	设备名称	规格型号	数量	单位	备注
1	自动化立体仓库	LBT-BAW01	1	套	
2	AGV 接驳台	LBT-JBT02	3	个	
3	AGV 小车	LBT-L50	1	台	
4	数控斜床身车床	LBT-450	1	台	
5	桁架式机器人	LBT-HJ001	1	台	
6	MES 系统	V1.0	1	套	

二、齿轮固定轴智能制造工序

齿轮固定轴的智能制造生产流程包括毛坯、备料、入库储存、AGV 运输、加工、成品入库，如图 4-3 所示。

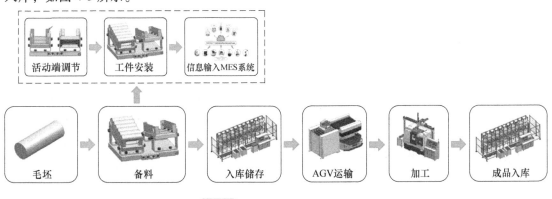

图 4-3 齿轮固定轴生产流程

1. 毛坯

齿轮固定轴的毛坯是尺寸为 $\phi 25\text{mm} \times 75\text{mm}$ 的棒料，材料为 45 钢，在机床加工前，已经完成调质热处理。

2. 备料

将工件放入随行夹具，并把随行夹具连同工件放入自动化立体仓库，用 RFID 扫描枪扫描 AGV 随行夹具上的 RFID 接收器，将加工信息录入 MES 系统。

3. 入库储存

将工件连同随行夹具放入 AGV 接驳台，伺服堆垛机器人将工件连同随行夹具放入立体仓库。

4. AGV 运输

伺服堆垛机器人将工件连同随行夹具从仓库中取出，放至仓储 AGV 接驳台。再由 AGV 小车运送至车床旁边的 AGV 接驳台上并自动定位。

5. 加工

数控车床在桁架机器人辅助下完成棒料的装夹和加工。

6. 成品入库

AGV 小车将装有成品的棒料架运至自动化立体仓库, 伺服堆垛机器人将工件连同随行夹具送入仓库。

任务实施

引导问题 1

在整个自动化生产过程中, 需要使用哪些设备?

_____

_____

引导问题 2

工件是在_____设备的帮助下实现在各设备间流转。

引导问题 3

请详细描述以下工件取放过程。

1) 自动化立体仓库工件取放过程:

_____

_____

2) 数控车床工件取放过程:

_____

_____

_____

引导问题 4

分析并讨论, 相对于机器人, 使用 AGV 小车实现齿轮固定轴搬运任务有什么好处? 将讨论结果记录下来。

_____

_____

_____

任务二 齿轮固定轴机床夹具设计

任务描述

根据齿轮固定轴的加工工艺要求, 选择合适的车床卡盘, 以满足下列要求:

1) 能满足工件的车削加工工艺要求。
2) 能满足工件自动化生产的物流要求。

3）能满足自动化生产信息交换要求。

▷▷ 相关知识

一、车床卡盘

车床卡盘是机床上夹紧工件的机械装置，属于通用卡盘，是一种机床附件。根据卡盘不同的工作原理，可将卡盘分为爪式卡盘，筒夹式卡盘、内胀式卡盘和特殊专用卡盘，如图 4-4 所示。

（一）爪式卡盘

爪式卡盘是利用均布在卡盘体上的活动卡爪，对工件进行定位和夹紧的装置。根据卡盘卡爪数量的不同，可将爪式卡盘分为自定心卡盘（三爪卡盘）、单动卡盘（四爪卡盘）、六爪卡盘和特殊卡盘；根据卡盘驱动方式的不同，可将卡盘分为手动卡盘、气动卡盘、液压卡盘和电动卡盘；根据卡盘结构特点的不同，可将卡盘分为中空型卡盘和中实型卡盘。

卡盘体中央有通孔，可让工件从中穿过，便于较长工件装夹，卡盘直径的范围为 65~1500mm。卡盘通常作为车床、外圆磨床和内圆磨床加工工件的夹具，也可用于铣床和钻床。

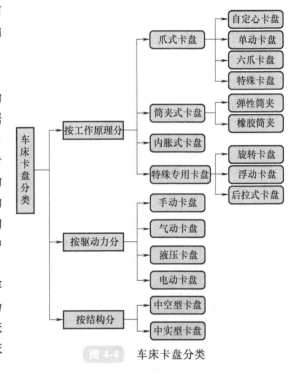

图 4-4　车床卡盘分类

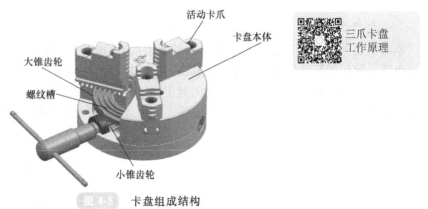

图 4-5　卡盘组成结构

1. 自定心卡盘

（1）自定心卡盘的工作原理　自定心卡盘由一个大锥齿轮，三个小锥齿轮，三个卡爪组成，如图 4-5 所示。三个小锥齿轮和大锥齿轮啮合，大锥齿轮的背面有平面螺纹结构，三个卡爪等分均布在平面螺纹上。当用扳手扳动小锥齿轮时，大锥齿轮随即转动，它背面的平面螺纹会使三个卡爪同时向中心靠近或退出，从而实现自动定心。自定心卡盘定心精度不高，为 0.05~0.15mm。

（2）自定心卡盘的使用方法　卡盘卡爪有正爪和反爪之分，对于常规尺寸的工件，通常使用卡盘正爪对工件进行装夹（图 4-6）；对于直径较大的工件，已超出卡盘正爪夹持工件的最大直径时，可将卡爪反装以实现工件的装夹（图 4-7）；对于内径直径较大的盘、套等环状工件，可将卡爪伸入工件内孔中，利用长爪的径向张力对工件进行夹持（图 4-8）；当工件长度大于其直径的 4 倍，单独用卡盘装夹不能保证切削加工过程的稳定性时，应在工件末端用顶尖进行支承，以辅助卡盘装夹工件（图 4-9）。

图 4-6　正爪装夹工件

图 4-7　反爪装夹卡盘

图 4-8　反爪内胀张力装夹盘类零件

图 4-9　正爪+顶尖装夹长轴工件

2. 单动卡盘

单动卡盘（图 4-10）是有四个卡爪，每个卡爪可分别调节的卡盘。单动卡盘的各个卡爪均由独立的丝杠调节控制，因此它通常没有自动定心的作用。

使用单动卡盘时，需要花费较多时间对工件进行找正，会影响生产率，因此只有当工件截面比较特殊——方形（图 4-11）、不规则（图 4-12）、截面非对称的工件，使用自定心卡

图 4-10　圆形工件装夹

图 4-11　方形工件装夹

盘装夹不合适的情况下，才考虑用单动卡盘。此外，对于钢管等薄壁件，为了减少夹持力引起的工件变形，也可以采用单动卡盘进行装夹，如图 4-13 所示。

图4-12 不规则物体装夹

图4-13 薄壁件装夹

3. 提高卡盘夹持可靠性的方法

随着科学技术的发展，车床卡盘向高精度、高可靠性及智能化方向发展。

在切削加工过程中，工件的夹持是需要特别关注的问题，夹持位置和夹持力的选择都会影响工件的加工精度。夹持力大小要合适，过小的夹持力会使工件装夹不牢固，不但影响加工精度，还会产生安全隐患；过大的夹持力会造成工件变形，影响加工精度。对于薄壁类工件的切削加工，这个问题更加明显。因为薄壁类工件是空心的，相对于实心工件，它能承受的夹持力更小，工件安装更加不牢固，因此薄壁类零件只能采用小进给量，在低转速下车削加工，生产率和加工精度都较低。如何实现工件夹持稳固，以提高车削加工速度，业界做出了不少努力，取得了很好的效果。表 4-3 列出了几种比较典型的卡盘，它们对于提升夹持稳固性和夹持精度做出了很好的示范。

表 4-3 特殊爪式卡盘

序号	名　称	卡　盘	备　注
1	六爪卡盘		具有六个卡爪，相对于三爪或四爪卡盘，它与工件的接触点较多，工件受力更加均匀，在相同夹持力的作用下，工件的变形更小，加工精度更高。对于薄壁类工件，六爪卡盘能施加更大的夹持力，让工件产生更小的变形
2	旋转卡爪盘		各卡爪具有旋转和后拉功能，工作时，卡爪后拉卡住工件端面实现工件固定。与普通卡盘相比较，它通过端面固定工件，可以施加较大的夹紧力而不用考虑工件的径向变形，适用于盘类及薄壁类工件

（续）

序号	名　称	卡　盘	备　注
3	浮动卡盘		可以根据工件的位置自动调整各卡爪的装夹位置,工作时,先通过卡盘上的顶尖对工件进行中心定位,再通过卡爪与顶尖的配合对工件进行自动卡紧,这种方式能使卡盘具有较高的回转精度
4	后拉式卡盘		卡爪能自动进行 360° 旋转,能根据工件的情况,在正爪和反爪间进行自动切换

（二）筒夹式卡盘

1. 筒夹式卡盘的特点

筒夹式卡盘是一种能对工件进行全包式夹持的卡盘。与爪式卡盘相比较,筒夹式卡盘夹持工件时,筒夹对工件进行完全包围,工件受力面积大,受力均匀,因此该卡盘特别适合薄壁类工件的装夹。

筒夹式卡盘还有以下优点:

1）夹持力大且稳定,不会因主轴转速增大而下降,安全性好。

2）工作转速高。

3）精度高,回转精度为 0.005~0.01mm。

筒夹式卡盘也存在适用范围较小,夹持工件的直径通常较小等缺点。

2. 筒夹式卡盘的工作原理

图 4-14 和图 4-15 所示为筒夹式卡盘所使用的两种筒夹,筒夹是圆锥形,安装在同样是圆锥形的卡盘口中。

图 4-14　弹性筒夹

图 4-15　橡胶筒夹

筒夹式卡盘内部结构如图 4-16 所示。

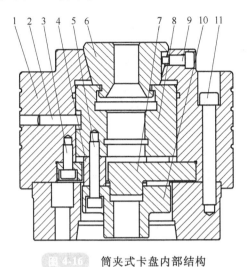

筒夹式卡盘
工作原理

图 4-16　筒夹式卡盘内部结构

1—卡盘主体　2—限位螺钉　3、5、11—内六角沉头螺钉　4—连接限位柱

6—筒夹　7—固定板　8—筒夹夹紧塞　9—筒夹限位螺钉　10—连接杆固定块

内六角沉头螺钉 5 和筒夹夹紧塞 8 将筒夹 6 和连接杆固定块 10 连接在一起，当连接杆固定块 10 在力的作用下向下运动时，能带动筒夹 6 一起向下运动，在卡盘主体 1 锥孔的作用下，筒夹 6 直径变小，实现工件的夹紧。卡盘的连接杆固定块 10 通常与回转液压缸（一种将液压能转变为机械能的、做直线往复运动或摆动的液压执行元件）的伸缩杆连接，工作时，通过液压控制元件控制液压油的流动方向，从而控制回转液压缸的伸缩杆，以此控制筒夹的夹紧或松开。

筒夹的夹紧对象通常是棒料，在特殊情况下，对筒夹进行改进，也可以夹持截面为三边形、四边形、六边形的工件，如图 4-17~图 4-19 所示。

（三）内胀式卡盘

内胀式卡盘是通过夹头对工件内孔施加的张紧力实现工件定位和夹持的卡盘，适用于加工尺寸较小，且需要通过内孔定位的工件。图 4-20 所示为内胀式卡盘，图 4-21 所示为内胀式卡盘的结构，膨胀拉钉 2 与筒夹夹紧塞 8 通过螺纹连接，筒夹夹紧塞 8 在外力作用下，可控制膨胀拉钉 2 的轴向运动，膨胀拉钉 2 与内胀夹头 1 的接触面是圆锥面，工作时，内胀夹

图 4-17　夹持
圆形工件

图 4-18　夹持
四边形工件

图 4-19　夹持
六边形工件

图 4-20　内胀式夹头

头 1 轴向固定，当膨胀拉钉 2 相对于内胀夹头 1 内缩时，在膨胀拉钉 2 的挤压下，内胀夹头 1 外径增大，从而胀紧工件内孔，实现工件夹紧，反之，松开工件。

内胀式卡盘
工作原理

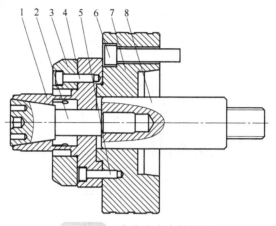

图 4-21 内胀式卡盘结构图

1—内胀夹头　2—膨胀拉钉　3—端面定位块　4、5、6—杯头
内六角螺钉柱　7—固定板　8—筒夹夹紧塞

引导问题 1

通过互联网查阅卡盘信息，了解市面上现有车床卡盘品牌名称并填写表 4-4。

表 4-4　卡盘信息收集

序号	现有卡盘品牌名称
1	
2	
3	
4	
5	
6	

引导问题 2

大家通过互联网查阅车床卡盘信息，搜集本书中没有介绍的卡盘类型，分析这些卡盘的特点并填写表 4-5。

（四）车床卡盘的选择方法

车床卡盘的选择要综合考虑零件车削加工工艺、自动化生产要求及企业生产条件三个方面，具体流程如图 4-22 所示。

表 4-5　卡盘特点

序号	卡盘(贴图片)	特点描述
1		
2		
3		
4		
5		

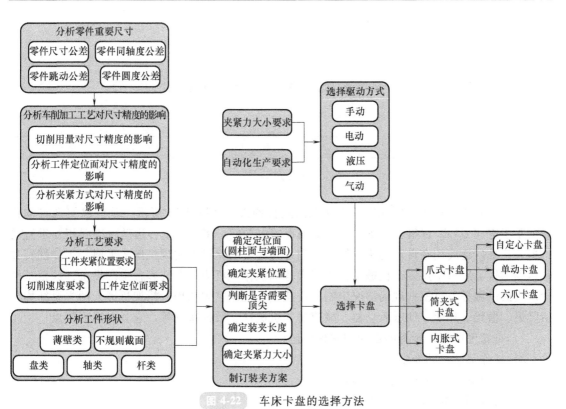

图 4-22　车床卡盘的选择方法

首先分析零件中的重要尺寸，将重要尺寸挑选出来，再分析切削用量、工件定位面、夹紧方式等对重要尺寸的影响，然后在此基础上确定工件的切削速度、工件定位面、夹紧位置等工艺要求。根据上述分析结果制订工件装夹方案。此外，还要根据夹紧力的大小及企业现场设备条件，结合工件自动化生产要求，确定卡盘的驱动方式。最后，根据工件装夹方案及卡盘驱动方式，选择合适的卡盘。

1. 分析零件重要尺寸

辨别零件中重要的尺寸并把它们单独列出来。

2. 分析车削加工工艺对尺寸精度的影响

分析切削用量、工件定位面、夹紧位置的选择对尺寸精度的影响。

3. 分析工艺要求

在前面分析基础上，进一步分析、归纳出车削加工工艺要求。

4. 分析工件形状

了解工件的形状特点，分析工件形状对装夹要求的影响。

5. 制订装夹方案

综合工件形状分析和工艺要求分析结果，制订工件装夹方案，方案的内容包括确定定位面，确定夹紧位置，判断是否需要顶尖，确定装夹长度，确定夹紧力大小等。

6. 选择驱动方式

根据零件夹紧力大小要求及工件自动化生产要求，确定卡盘驱动方式。

7. 选择卡盘

根据制订的装夹方案及卡盘驱动方式选择合适的车床卡盘。

引导问题 3

分析并讨论：什么样的尺寸能被称为重要尺寸？衡量标准是什么？

_____

_____

_____

二、桁架机器人

桁架机器人又称直角坐标机器人和龙门式机器人，如图 4-23 所示，是能够实现自动控制的基于空间 $OXYZ$ 直角坐标系，可重复编程的多功能、多自由度各运动轨迹间相互垂直的机器人，被广泛应用在自动化生产线中，配合其他自动化设备实现机床上下料、工件翻转和搬运等工作。它可采用多个机械手，实现大范围工作，可为一台或多台生产设备，甚至整个生产线提供服务，可根据现场情况定制其负载、行程及整体结构。桁架机器人的主要结构包括竖梁、横梁、导轨、伺服驱动器、减速器、机械臂、数控系统等，它具有以下特点：

1）可重复编程，所有的运动均按程序运行。

2）操作灵活，功能多。

3）高可靠性、高速度、高精度。

4）可在恶劣的环境下长期工作。

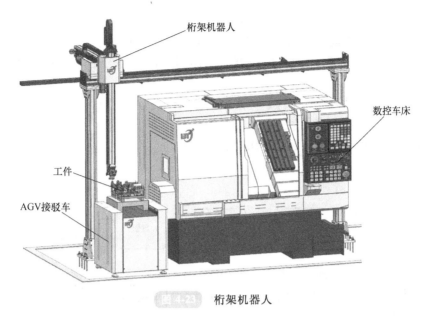

图 4-23　桁架机器人

5）操作及维修方便。

三、数控车床工件自动装夹过程

数控车床工件自动装夹是在 PLC 信号指令控制下的机器人手爪、车床卡盘和机床的协调动作过程。了解这个过程有助于我们完成机床夹具、机器人末端夹具、自动化搬运夹具的设计。

齿轮固定轴在机器人协助下进行的自动化加工过程，分为工件自动上料、自动调头装夹、自动下料三个过程。图 4-24 所示为工件自动上料时，机器人、数控车床的配合动作过程。

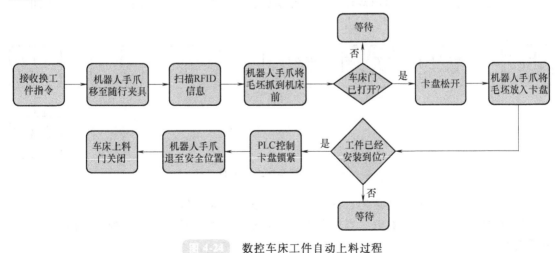

图 4-24　数控车床工件自动上料过程

1. 数控车床工件自动上料过程

1）桁架机器人接收到换工件指令后，机器人手爪移动到 AGV 接驳台上的随行夹具前。

2）桁架机器人扫描随行夹具的 RFID 信息。

3）机器人将毛坯抓起并移动到数控车床自动上料门上方等待。

4）机器人控制车床自动上料门打开，检测到门已开信号后，控制自动筒夹式卡盘松开。

5）机器人将毛坯放入车床卡盘，并发出工件到位信号。

6）PLC 控制车床的卡盘夹紧。

7）机器人手爪松开并退出数控车床到安全位置。

8）机器人控制自动上料门关闭。

2. 工件调头装夹过程（图 4-25）

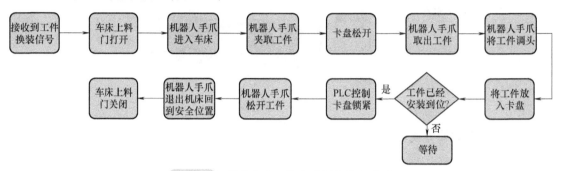

图 4-25 数控车床工件自动调头装夹过程

1）车床完成工件一端的车削加工后，向机器人发出工件调头换装信号。

2）机器人控制车床自动上料门打开。

3）机器人检测到门已打开信号后，进入数控车床。

4）机器人手爪夹取已加工工件，并控制车床卡盘松开。

5）机器人将工件调头，再将另一端插入自动筒夹式卡盘，并控制卡盘夹紧。

6）机器人手爪松开，退出数控车床，移动到安全位置，机器人控制自动上料门关闭。

3. 工件自动下料过程（图 4-26）

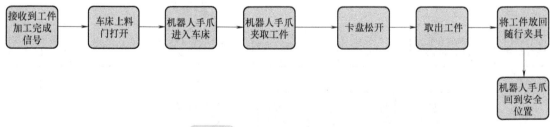

图 4-26 数控车床工件下料过程

1）工件加工完成后，车床向机器人发出车削加工已完成信号。

2）机器人控制车床门打开，当机器人检测到车床门打开后，就移动到卡盘前，控制机械手爪抓住工件。

3）当机械手爪抓住工件后，车床卡盘松开。

4）机器人抓取工件并放回随行夹具。

5）机器人回到原始位置。

⤷》 任务实施

1. 车削信息获取

分析齿轮固定轴零件图、加工工艺过程卡及自动化生产工序，获取工件自动切削相关信息。

引导问题 4

齿轮固定轴是用_____设备完成加工的。

引导问题 5

分析齿轮固定轴零件图，列出重要的零件尺寸。

_____

_____

_____

引导问题 6

工件切削速度是_____m/min，选择定位基准和夹紧力位置时，应考虑的因素有：__

_____

_____

_____

引导问题 7

齿轮固定轴需要两次装夹才能完成加工，应该用卡盘先夹住毛坯一端，完成加工后，再调头，夹住工件直径为_____部位，完成余下特征的加工。

引导问题 8

齿轮固定轴调头装夹时，应着重考虑满足工件_____精度要求。

引导问题 9

工件的装夹和调头是通过_____设备辅助完成的。

2. 车床卡盘选择

学习车床卡盘相关知识，根据齿轮固定轴车削加工的相关信息，完成卡盘类型及规格的选择。

引导问题 10

根据引导问题 4~9 的分析结果，分析并讨论适用于齿轮固定轴车削加工的车床卡盘应满足哪些要求？将讨论结果列出来。

_____

_____

引导问题 11

大家学习了解车床卡盘相关知识，以"卡盘""车床卡盘"等作为关键词，利用互联网搜索车床卡盘相关信息，找一家合适的卡盘品牌，了解该品牌的产品类型信息，填写以下信息（在了解过程中，可以和客服沟通以获取相关信息）。

请列出了解的卡盘品牌（三个以上）：_____

请列出了解的卡盘类型（三个以上）：_____

选择一个卡盘品牌，列出该品牌卡盘的型号规格（三个以上）：_____

任务三　齿轮固定轴搬运方案设计

➡》 任务描述

齿轮固定轴是一种较小的工件，自动化生产过程中，为方便工件的存储和搬运，同时提高生产率，通常将多个工件放入专门设计的搬运夹具中进行集中搬运。了解齿轮固定轴的自动化生产流程，完成工件的自动搬运方案设计，内容包括：

1）设计齿轮固定轴的搬运夹具，确保搬运夹具满足以下要求
① 工件能在夹具中定位并固定。
② 搬运夹具能放进 AGV 小车并适当固定。
③ 搬运夹具能被桁架机器人自动夹取。
④ 搬运夹具能与桁架机器人及其他设备进行信息交互。
2）设计桁架机器人手爪。

➡》 相关知识

一、AGV 小车与 AGV 接驳台间的货物搬运

（一）AGV 接驳台

AGV 接驳台是放置在自动化立体仓库、数控机床、三坐标测量仪等设备旁，用于临时存放工件的设备。它是 AGV 小车与各设备中转站间的连接设备，主要作用是将工件从 AGV 小车转接到设备中转站，或将工件从设备中转站转接到 AGV 小车。AGV 接驳台的结构包括滚筒、定位块、限位块和导向条，AGV 接驳台是一种定制类设备，各厂家生产的 AGV 接驳台的结构和样式都不一样，没有统一的规格和标准。如图 4-27 所示。

（1）滚筒　工作时，通过 PLC 控制滚筒滚动，使位于滚筒上的工件向前或向后运动。
（2）限位块　接驳台上安装有限位块，用以阻止滚筒上的货物继续向前运动，防止货

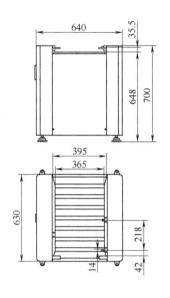

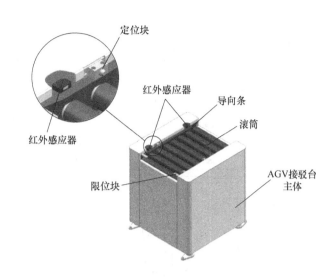

图 4-27　AGV 接驳台

定位块修正物体

物掉落。

（3）导向条　导向条安装在接驳台左右两侧，前段呈喇叭口，当货物从 AGV 小车上传递过来时，它可矫正货物姿态，让货物顺利进入接驳台。

（4）定位块　定位块的作用是与导向条配合，让货物摆正。工作时，通过 PLC 控制气缸，让它向前伸出，顶住货物侧面，使货物另一侧贴紧接驳台的导向条，从而实现货物位置的摆正。

（5）红外感应器　红外感应器主要用于感应接驳台上的货物，检测货物是否到位，并将检测信息反馈给 PLC、机器人及 MES 系统，为下一步动作提供判断依据。

（二）主要技术参数

1）具有末端二次定位机构，重复定位精度为 ±0.1mm。

2）最大承重为 100kg。

3）具有信号输出、工作状态、托板位置、托板夹紧状态等判断功能。

4）交流输入电压为 AC 220（1±10%）V。

5）滚筒转速调节范围为 0～10m/min。

（三）AGV 小车

AGV 小车是一种具备自主导航功能的移动机器人，如图 4-28 所示本项目用到 AGV 小车的主要功能参数有：

1）额定最大牵引负载为 150kg。

2）导航形式为磁条定位导航+激光雷达自动规划导航。

3）行走功能包括前进，后退，转弯。

4）位置控制精度为 ±3mm。

5）直线导引精度为 ±5mm。

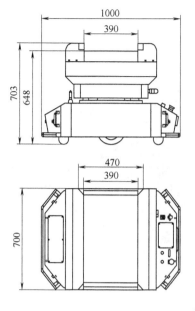

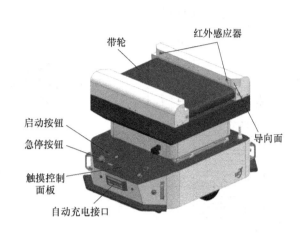

图 4-28　AGV 小车

6）爬坡能力为 2%。

7）安全系统为远距离光电检测防撞（可调）+近距离机械防撞。

8）外形尺寸为 1000mm × 700mm × 703mm （长 × 宽×高）。

9）载重：50kg。

（四）AGV 小车与 AGV 接驳台间的货物搬运过程

图 4-29 所示为 AGV 小车与 AGV 接驳台交换工件。货物由 AGV 小车搬运到 AGV 接驳台的过程如图 4-30 所示。

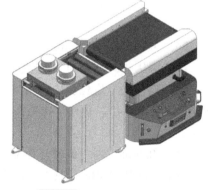

图 4-29　AGV 小车与 AGV
接驳台交换工件

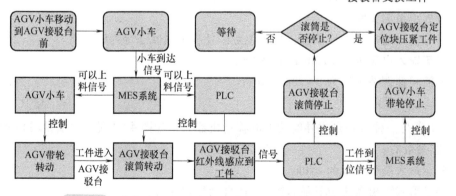

图 4-30　货物由 AGV 小车搬运到 AGV 接驳台的控制信息流程

具体过程包括以下内容：

1）载有货物的 AGV 小车停在 AGV 接驳台前。

2）AGV 小车向 MES 系统发出小车到达指定位置信号。

3）MES 系统将 "可以上料信号" 下发送至 PLC 与 AGV 小车。

4）AGV 小车和 PLC 分别控制带轮和 AGV 接驳台的滚筒运动。

5）货物由 AGV 小车进入 AGV 接驳台。

6）AGV 接驳台上的红外线探头感应到货物后，将信号发给 PLC。

7）PLC 将工件到位信号发给 MES 系统，延迟数秒后，控制接驳台的滚筒停止转动。

8）MES 系统收到工件到位信号后，控制 AGV 小车带轮停止运动。

9）当接驳台滚筒停止后，接驳台上的定位块伸出将工件压紧。

货物由 AGV 接驳台搬运到 AGV 小车的过程如图 4-31 所示。

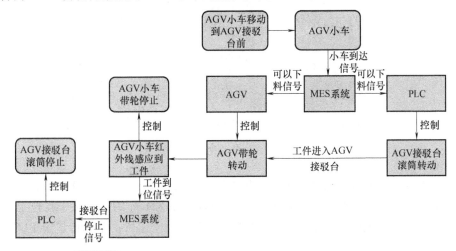

图 4-31　货物由 AGV 接驳台搬运到 AGV 小车控制信息流程

具体过程包括以下内容：

1）AGV 小车停在 AGV 接驳台前。

2）AGV 小车向 MES 系统发出小车到达指定位置信号。

3）MES 系统将 "可以下料信号" 发送至 PLC 和 AGV 小车。

4）AGV 小车控制带轮运动。

5）PLC 控制 AGV 接驳台的滚筒转动。

6）货物由 AGV 接驳台进入 AGV 小车。

7）AGV 小车上的红外线探头感应到货物进入并到位后，一方面将信号传递给 MES 系统，再由 MES 系统发送给 PLC，另一方面控制带轮停止运动。

8）PLC 收到工件到位信号后，控制接驳台滚筒停止转动。

二、货物存入/取出自动化立体仓库

（一）自动化立体仓库

自动化立体库作为现代物流系统中的重要组成部分，是一种用于存放货物的多层高架仓库系统。它通过信息化技术与企业物流管理系统连接，可以实现货位的智能管理，能按指令自动完成存储作业，在现代化企业中发挥了重大作用。自动化立体仓库是一种非标准化产品，仓库的样式、结构、大小要综合考虑存放货物、厂房空间及货物存放方式进行专门设计。常见的自动化立体仓库由立体货架、伺服堆垛机器人、AGV 托盘、AGV 接驳台、机器人轨道、管理信息系统及其他外围设备构成，如图 4-32 所示。

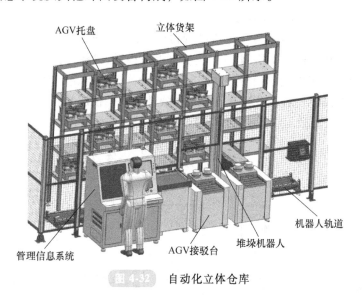

图 4-32 自动化立体仓库

　　图 4-33 所示为本项目采用的一种自动化立体仓库的尺寸，它共有 20 个料位，每个料位的高度为 400mm，宽度为 490mm。料位上有四个 φ12mm×5mm 的销，用于料位上工件的定位。每个料位设置一个接近开关，通过接近开关可将料位上工件的信息传递给 PLC。

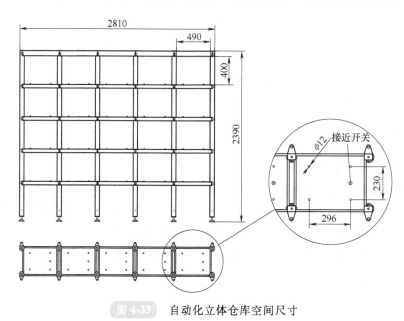

图 4-33 自动化立体仓库空间尺寸

　　图 4-34 所示为立体仓库的堆垛机器人，机器人上安装有 750mm×226mm 的托板，用于托举货物。托板中间设置两个 φ12mm×5mm 的销，用于固定托板上的货物。两销间的距离是 160mm。

132

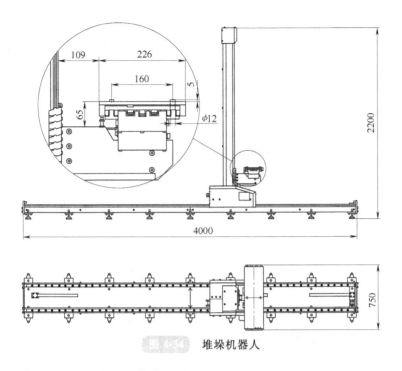

图 4-4　堆垛机器人

（二）货物存入/取出自动化立体仓库过程

1. 货物存入过程

1）堆垛机器人接收到存货指示后，机器人托板运动到 AGV 接驳台前。

2）机器人托板伸入 AGV 托板底部。

3）机器人将 AGV 托板连同工件一起搬运到指定料位。

4）机器人托板从 AGV 托板底部抽出。

5）机器人托板回到起始位置。

2. 货物取出过程

1）堆垛机器人接收到取货指示后，机器人托板运动到货物前。

2）机器人托板伸入货物底部。

3）机器人将货物搬运到 AGV 接驳台上。

4）机器人托板从 AGV 托板底部抽出。

5）机器人托板回到起始位置。

任务实施

1. 齿轮固定轴自动化生产流程信息获取

引导问题 1

根据齿轮固定轴自动化生产过程，我们知道工件搬运夹具主要搬运对象是＿＿＿＿＿＿。

引导问题 2

了解本项目自动化立体化仓库的结构以及工件在仓库中存入和取出的过程，讨论一下，为实现工件在自动化立体仓库自动存放，工件搬运夹具应具有怎么样的结构及功能？

_____

_____

_____

引导问题 3

了解工件在 AGV 小车和 AGV 接驳台间自动交换过程，讨论工件搬运夹具要实现在 AGV 小车和 AGV 接驳台间自动交换，应该具有怎么样的结构及功能？

_____

_____

_____

_____

引导问题 4

了解桁架机器人抓取工件的过程，讨论以下两个问题：

1）为使桁架机器人实现自动夹取工件，工件在搬运夹具中应该如何摆放？夹具应对工件如何进行定位和固定？

_____

_____

_____

2）为使桁架机器人实现自动抓取工件，以及工件自动装夹需要，机器人手爪应具有怎么样的结构和功能？

_____

_____

_____

小提示

注意考虑工件调头装夹过程，自动装夹要保证工件定位面与定位元件的接触。

引导问题 5

根据引导问题 4 的讨论结果，归纳并总结出工件搬运夹具和桁架机器人手爪应具备的功能。

工件搬运夹具应具备的功能：_____

_____

桁架机器人手爪应具备的功能：_____

_____

2. 工件搬运夹具和桁架机器人手爪结构方案设计

引导问题 6

完成工件搬运夹具结构方案设计，使工件搬运夹具具备引导问题 3 所讨论的功能。

引导问题 7

完成桁架机器人手爪结构方案设计，使桁架机器人手爪具备引导问题 4 所讨论的功能。

引导问题 8

根据引导问题 1~7 讨论结果，完成随行工件搬运夹具和桁架机器人手爪的三维建模。

结果评价

引导问题 9

对工件搬运夹具和桁架机器人手爪进行评价，并提出相应的改进方案。

1）工件搬运夹具评价指标及改进方案见表 4-6。

表 4-6　工件搬运夹具评价指标及改进方案

序号	评价指标	评价结果	改进方案
1	工件能放入夹具中		
2	夹具能放入自动化立体仓库		
3	夹具在自动化立体仓库中能定位		
4	夹具能被 AGV 小车搬运		
5	夹具能放置在 AGV 接驳台上		
6	夹具能与 MES 系统通信		
7	夹具能放置较多工件		

2）桁架机器人手爪评价指标及改进方案见表 4-7。

表 4-7　桁架机器人手爪评价指标及改进方案

序号	评价指标	评价结果	改进方案
1	机器人手爪能快速安装在机械臂上		
2	机器人手爪抓取物体平稳、牢固		
3	机器人手爪能准确抓取物体，不与其他物体发生干涉		
4	能完成工件的调头装夹		
5	能准确地将工件放进车床卡盘中		
6	能准确地将工件从车床卡盘中取出		
7	能与 MES 系统进行通信		

🔁≫ 扩展知识

三、AGV 小车概述

(一) 常见的 AGV 小车

AGV (Automated Guided Vehicle，简称 AGV) 小车是指装有自动导引装置，能够沿规定的路径行驶，在车体上具有编程和停车选择装置、安全保护装置以及各种物料移载功能的搬运车辆。

在 AGV 的应用环境中，往往由多台 AGV 组成自动导向小车系统 (Automated Guided Vehiclesystem，AGVs)，该系统是由 AGV、导引系统、管理系统、通信系统、停靠工位以及充电工位等组成的自动化 AGVs 系统，如图 4-35 所示。AGVs 的上位机管理系统通过通信系统与系统内的 AGV 小车通信，优化 AGV 小车的作业过程、控制 AGV 小车的运行路线、制订 AGV 小车的搬运计划和监控 AGV 小车的运行状态。AGVs 易于和其他自动化系统集成，容易扩展，不同的 AGV 小车能够在同一个 AGVs 中运行，在 AGVs 中即使有个别 AGV 小车不能正常工作，系统也不会瘫痪，故障容忍能力强。

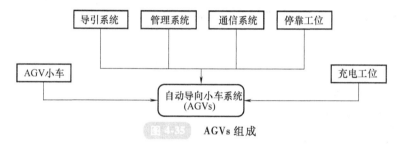

图 4-35 AGVs 组成

AGV 小车具有良好的柔性和可靠性，能够减少工厂对劳动力的需求，提高产品设备在运输中的安全性，且安装容易，维护方便。相比于有轨穿梭小车 RGV (Rail Guided Vehicle) 和传送带，AGV 小车占用的空间以及需要的能源更少，运行时噪声更低，路径变换更容易。

表 4-8 中列出了常见的 AGV 小车。

表 4-8 常见的 AGV 小车

序号	名　称	图　示	备　注
1	AGV-叉车式		承载能力:1000kg 导引方式:激光导航 行走速度:0~60m/min 导航精度:±10mm 行走方向:前进、后退、360°转弯

（续）

序号	名　称	图　示	备　注
2	AGV-潜伏式		承载能力:1000kg 导引方式:自然导航,不需要反光板、磁条等基础设施 行走速度:0~60m/min 导航精度:±10mm 行走方向:前进、后退、360°转弯 驱动方式:双轮差速驱动、舵轮驱动
3	AGV-牵引式		承载能力:500~1000kg 导引方式:磁条导航 行走速度:0~45m/min 导航精度:±10mm 行走方向:前进走行,左右转,分岔 驱动方式:双轮差速驱动
4	AGV-复合式		承载能力:400kg 导引方式:自主导航,不需要反光板、磁条等基础设施 行走速度:0~67m/min 导航精度:±1mm 行走方向:前进、后退、360°转弯 驱动方式:全方向轮
5	AGV-背负式		承载能力:150kg 导引方式:磁条导航+激光雷达导航 行走速度:3~30m/min 导航精度:±1mm 行走方向:前进、后退、转弯、分岔 驱动方式:两轮差速

（二）AGV 小车的工作原理

1. AGV 小车的导引方法

将 AGV 小车导向传感器所得到的当前位置信息与 AGV 小车预设路径的位置信息进行比较、计算，得出 AGV 小车行进时需要的速度和转向角度，从而给出 AGV 小车的控制命令，这是 AGV 小车控制技术的关键，其实质是轨迹跟踪技术。以磁导引为例进一步说明，过程如下：AGV 小车导向传感器的中心点是当前位置参考点，引导磁条上的众多虚拟点就是预设路径中的位置点，AGV 小车的控制目标就是通过不断检测参考点与虚拟点的相对位置，进行比较、分析、计算，然后修正驱动轮的转速及行进角度，尽力让 AGV 小车参考点接近虚拟点，这样 AGV 小车就能始终跟踪引导线运行。

AGV小车运行

2. AGV 小车的工作过程

AGV 小车接收到物料搬运指令后，控制系统就根据所存储的运行地图和 AGV 小车当前位置及目标位置进行计算和规划分析，选择最佳的行驶路线，自动控制 AGV 小车的行驶和转向，当 AGV 小车到达装载货物位置并准确停止后，装料机构动作，完成装货过程。然后 AGV 小车起动，驶向目标卸货点，准确停止后，卸料机构动作，完成卸货过程，并向控制系统报告其位置和状态。完成任务后，如果没有新的任务命令，AGV 小车起动，驶向待命区域，待接到新的指令后再进行下一次搬运。

（三）AGV 小车的结构

1. 车体

车体是 AGV 小车的物理主体部分，由车架和相应的机械装置组成，是其他总成部件的安装基础。

2. 驱动电源装置

AGV 常采用 24V 和 48V 直流蓄电池为动力。常采用铅酸电池或锂电池，锂电池可自动充电，可 24h 连续工作。

3. 驱动装置

驱动装置由车轮、减速器、制动器、驱动电动机及速度控制器等部分组成，是控制 AGV 小车正常运行的装置。其运行指令由计算机或人工控制并发出，运行速度、方向、制动调节由计算机控制。为了保证生产安全，断电时 AGV 小车能通过机械方式实现制动。

4. 导引装置

AGV 小车的导引装置通常包括激光雷达、红外线传感器、视觉传感器和超声波传感器等。这些传感器可以感知周围的环境，通过计算和分析来确定 AGV 小车的位置和方向，从而实现自动导航和路径规划。其中，激光雷达可以提供高精度的环境信息，红外线传感器和视觉传感器可以检测障碍物和目标物体，超声波传感器可以在低光环境下工作。

5. 控制器

控制器用于接受控制中心的指令并执行相应的指令，同时将本身的状态（如位置、速度等）及时反馈给控制中心。

6. 通信装置

通信装置可实现 AGV 小车与地面控制站及地面监控设备之间的信息交换。

7. 安全保护装置

安全保护装置包括障碍物感应器、物理防撞装置（感应器下方黑色皮条）和急停按钮，主要对人、AGV 小车本身或其他设备进行保护。

8. 运载装置

运载装置通过牵引棒与所搬运货物直接接触，实现货物运载。

9. 信息传输与处理装置

该装置可对 AGV 小车进行监控，监控 AGV 小车所处的地面状态，并与地面控制站进行实时信息传递。

（四）AGV 小车的导航技术

1. 电磁导航技术

电磁导航方式需要导引线，导引线是提前铺设在 AGV 小车规定的行驶路径底下的导线。特定频率、特定电压和特定电流的交流电通过导线，导线四周形成交变电磁场，小车装备的电磁传感器感应到电磁场，向 AGV 小车控制系统反馈信息，控制系统根据反馈信息，控制 AGV 小车沿着规定路径行驶。AGV 小车电磁传感器的工作原理是根据两个探测线圈的感应电压差判断 AGV 小车与导线的偏移距离。

2. 磁条导航技术

磁条导航技术利用铺设在路面上的磁条进行导航。相对于电磁导航技术，其灵活性比较好，改变或扩充路径较容易，磁条铺设简单易行，但磁条容易受到外物损伤，对导航产生一定的影响。

3. 激光导航技术

该种 AGV 小车上安装有可旋转的激光扫描器，在运行路径的墙壁或支柱上安装高反光性反射板，AGV 小车通过激光扫描器发射激光束，然后接受由四周反射板反射回的激光束，车载计算机依此计算出车辆当前的位置以及运动的方向，将它和内置的数字地图进行对比实现方位校正和自动导航。

该导航技术逐渐普及，依据相同的原理，将激光扫描器更换为红外发射器或超声波发射器，则激光引导式可以变为红外引导式或超声波引导式。

4. 视觉导航技术

视觉引导技术是快速发展并逐渐成熟的导航技术，通过视觉导航的 AGV 小车上装有 CCD 摄像机和传感器，其车载计算机中行驶路径环境图像数据库。AGV 小车行驶过程中，摄像机动态获取车辆周围环境图像信息并与图像数据库进行比较，从而确定当前位置并对下一步行驶做出决策。

由于这种导航技术不要求人为设置任何物理路径，所以在理论上具有最佳的引导柔性。随着计算机图像采集、储存和处理技术的飞速发展，该导航技术的实用性越来越强。

5. 惯性导航技术

惯性导航技术通过电子陀螺仪，统计 AGV 小车在工作时的角位移，获知 AGV 小车在全局坐标系的全局角度。通过里程计，统计 AGV 小车驱动轮的转动角度，获知 AGV 小车的位移，计算出 AGV 小车在全局坐标系的位置。根据 AGV 小车的位置姿态，其控制系统可以不断纠正小车，使得其按照规定的路径行驶。

6. 光学导航方式

光学导航技术需要在行驶路径上涂漆或粘贴色带，导航时通过对摄像机采入的色带图像信号进行简单处理而实现导航。其灵活性比较好，地面路线设置简单易行，但对色带的污染和机械磨损十分敏感，对环境要求过高，导航可靠性较差，且很难实现精确定位。

（五）AGV 小车的应用

1. 仓储业

仓储业是 AGV 小车最早应用的场所。1954 年，世界上首台 AGV 小车在美国一家公司的仓库内投入运营，实现出/入库货物的自动搬运。世界上约有 2 万台各种各样 AGV 小车运行在 2100 座大大小小的仓库中。海尔集团于 2000 年投产运行的开发区立体仓库中，9 台 AGV 组成了一个柔性的库内自动搬运系统，成功地完成了每天 23400 件的出/入库货物和零部件的搬运任务。

2. 制造业

AGV 小车在制造业的生产线中大显身手，可高效、准确、灵活地完成物料的搬运任务，并且多台 AGV 小车可组成柔性的物流搬运系统，搬运路线可以随着生产工艺流程的调整而及时调整，使一条生产线上能够制造出十几种产品，大大提高了生产线的柔性和企业的竞争力。1974 年，瑞典的一家轿车装配厂为了提高运输系统的灵活性，采用基于 AGV 为载运工具的自动轿车装配线，该装配线由多台可装载轿车车体的 AGV 组成，采用该装配线后，装配时间减少了 20%，装配故障减少 39%，投资回收时间减少了 57%，劳动力减少了 5%。AGV 小车在世界的主要汽车厂的制造和装配线上得到了普遍应用。

近年来，作为 CIMS 的基础搬运工具，AGV 小车的应用深入到机械加工、家电生产、微电子制造等多个行业，生产加工领域成为 AGV 小车应用最广泛的领域。

3. 邮局、图书馆、港口码头和机场

在邮局、图书馆、码头和机场等场合，物品的运送存在着作业量变化大，动态性强，作业流程经常调整，以及搬运作业过程单一等特点，AGV 小车的并行作业、自动化、智能化和柔性化的特性能够很好地满足上述场合的搬运要求。瑞典、日本、中国先后使用 AGV 小车进行邮品的搬运工作。

4. 医药、食品、化工

对搬运作业有清洁、安全、无排放污染等特殊要求的医药、食品、化工等行业，AGV 小车的应用也受到重视。国内的许多食品企业已应用激光引导式 AGV 小车完成托盘货物的搬运工作。

5. 危险场所和特种行业

在军事上，以 AGV 小车的自动驾驶为基础集成其他探测和拆卸设备，可用于战场排雷和阵地侦察。在钢铁厂，AGV 小车用于炉料运送，减轻了工人的劳动强度。在核电站，AGV 小车用于物品的运送，避免了辐射的危险。

（六）AGV 小车的选购

挑选 AGV 小车时，应考虑以下基本参数和性能指标：AGV 小车的引导方式、驱动类型、安全性能、自重、承载能力、运行速度、定位精度、车体尺寸、连续作业时间、控制系统等。

任务四　齿轮固定轴夹具试产与优化设计

任务描述

绘制工件搬运夹具及机器人手爪工程图，完成它们的生产和装配，并在自动化生产线上试运行，通过试运行发现问题并对夹具结构进行修正和优化。

任务实施

引导问题 1

完成工件搬运夹具的零件图绘制，并根据表 4-9 所列内容对零件图进行分析和评价。

表 4-9　零件图分析评价表

序号	分析内容	分析结果	改进方案
1	零件图的结构要素是否完整		
2	零件图是否能清楚地表达零件结构		
3	零件图是否能清楚地表达尺寸要求		
4	零件图是否能清楚地表达加工精度要求		
5	零件图是否能清楚地表达表面粗糙度要求		
6	零件图是否能清楚地表达材料要求		
7	零件图是否符合国家制图标准中的相关规定		

引导问题 2

完成工件搬运夹具装配图绘制，并根据表 4-10 所列内容对装配图进行分析和评价。

表 4-10　装配图分析评价表

序号	分析内容	分析结果	改进方案
1	装配图的结构要素是否完整		
2	装配图是否能清楚地表达零件间的位置关系		
3	装配图是否能清楚地表达零件间的装配关系		
4	装配图的尺寸是否完整		
5	装配图是否能清楚地表达所使用的标准件规格和数量		
6	装配图是否能清楚地表达夹具装配要求		
7	装配图是否符合国家和行业制图标准中的相关规定		

引导问题 3

完成工件搬运夹具的生产及装配，记录生产和装配过程中出现的问题（表 4-11），分析问题原因，提出改进方案。

表 4-11　生产和装配过程问题分析及改进

序号	问题描述	原因分析	改进方案
1			
2			
3			
4			

引导问题 4

完成桁架机器人手爪的生产及装配，记录生产和装配过程中出现的问题（表 4-12），分析问题原因，提出改进方案。

表 4-12　生产和装配过程问题分析及改进

序号	问题描述	原因分析	改进方案
1			
2			
3			
4			

引导问题 5

该项目的实施，对我们以后的学习、工作有什么启发？特别是作为现代技术人员应该具备什么样的职业道德、职业素养和职业精神？

_____

_____

_____

_____

▷▷ 考核评价

以小组的形式共同完成本项目的学习，各组通过 PPT 向大家介绍自己的成果（包括但不限于：夹具设计方案、三维模型、工程图），各组根据表 4-13 和表 4-14 所列内容完成项目小组成绩和个人关键能力成绩的评定，根据下式完成个人成绩计算。

个人成绩＝小组成绩×50%＋个人关键能力成绩×50%

表 4-13　项目小组评价指标

组号		项目名称				
组长		组员				
序号	工作内容	评价项目	评价指标		评分标准	得分结果
1	夹具设计方案的制订	随行托板的选择	工件、夹紧元件及定位元件能完全布置在随行托板内		3分	
			随行托板能购得到,或者它是学校或企业现有的随行托板规格		2分	
		工件定位及夹紧设计	工件定位方案设计合理,不存在过定位、欠定位等情况		5分	
			工件夹紧方案设计合理,工件安装方便可靠		8分	
			工件夹紧驱动方案设计合理,学校或企业具备实施驱动方案的条件		2分	
		工件托板在设备上的定位方案设计	选择合理的卡盘数量,不存在卡盘数量太少,导致工件托板不能完全定位,或卡盘数量过多,导致工件托板过定位等问题		5分	
			随行托板能快速夹紧并固定在卡盘上		5分	
2	夹具图的绘制		图样符合国家或行业制图相关标准		3分	
			零件图内容要素完备		5分	
			零件图能正确表达零件结构		7分	
			装配图内容要素完备		5分	
3	夹具建模		能完成夹具零件三维模型建模		15分	
			能完成夹具装配三维模型建模		15分	
4	夹具生产、装配与试产		能正确装配夹具		10分	
			能成功试制生产夹具		10分	
		总　　分			100分	

表 4-14　个人关键能力评价表

班级		学号		姓名		
序号	关键能力	评价指标			分值	得分
1	信息获取	能够从复杂学习或工作任务中准确理解和获取完整关键信息			15分	
		能够围绕主要问题,按照一定的策略,熟练运用互联网技术,迅速、准确地查阅到与主题相关信息,并表现出较高查阅和检索技巧				
		能够对查阅的信息进行整理归纳,找出与解决问题相关的关键信息				
2	自主学习	养成课外学习或工作之余学习的习惯			15分	
		非常清楚自身不足,并确立学习目标,自主制订合理学习计划,计划实施性强				
		掌握符合自身特点的学习方法,能较快掌握新知识和新技能				
3	解决问题	能够迅速、准确地发现学习或工作中存在的问题			20分	
		形成自我分析问题思路,对于一个问题能够有较多种解决方案,并能找出较佳方案				
		常有创新性的解决思路和方法				
		定期对一些学习或工作经验、知识进行较好总结,并不断完善提高				

（续）

序号	关键能力	评价指标	分值	得分
4	负责耐劳	具有较强的责任心,有较强高质量完成学习或工作任务的意识,做事一丝不苟	20分	
		严格遵守单位或部门的纪律要求,服从工作安排		
		团队协作时,能够积极主动地承担脏活、累活		
		心智成熟稳定,能够按照长远发展目标,从底层做起		
5	人际沟通	能撰写1000字以上的材料或一般工作计划,条理清晰,主次分明,表达准确,具有较强的文字表达能力	15分	
		善于倾听他人意见,并准确理解他人想法		
		语言表达条理清楚,重点突出,语句连贯,语意容易被理解		
		掌握一定人际沟通技巧,与他人沟通顺畅		
6	团队合作	在团队学习或工作中,能够很好地融入和信任团队,并能和他人协作高质量完成复杂任务	15分	
		团队内部能够分工明确,各司其职,但又能主动热心帮助他人		
		合作中,能够以团队为中心,充分尊重他人和宽容他人,对于不同意见,能服从多数人意见		
	总　　分		100分	

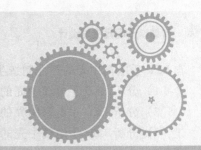

项目五

LED手电筒中壳智能制造夹具设计

项目导读

LED 手电筒中壳属于轴类零件，它的生产过程包括车削和铣削加工两部分，请根据提供的 LED 手电筒中壳零件图、工艺过程卡及相关的智能生产过程描述，学习和了解相关的智能生产制造工艺，完成车床卡盘选择、铣削夹具设计以及工件拆装夹具设计。

学习目标

（1）知识目标

1）了解 LED 手电筒中壳车削工艺。

2）了解 LED 手电筒中壳车削、铣削智能生产工艺。

3）掌握零点定位系统的用法。

4）掌握车床卡盘选择方法。

（2）能力目标

1）能根据工件智能制造工艺特点，设计合适的搬运夹具。

2）能根据工件形状、特点及装夹要求，设计合适的机器人手爪。

3）能根据工件铣削工艺，设计满足自动装夹要求的铣床夹具。

4）能根据工件铣削工艺，设计满足自动装夹要求的工件拆装夹具。

（3）素质目标

1）能利用互联网、图书馆等渠道完成信息的收集与整理。

2）能与同学、老师对智能制造相关问题进行沟通和探讨。

3）能分析及解决项目实施过程中遇到的问题。

4）能倾听并理解他人想法，具备文字总结及表达能力。

5）能与团队协作共同完成项目。

任务一　夹具基本信息和要求分析

任务描述

了解 LED 手电筒中壳自动化生产工艺，完成 LED 手电筒中壳自动化生产过程分析。观看 LED 手电筒中壳的智能制造生产过程视频，完成下面三个任务：

1）分析 LED 手电筒中壳的结构。

2）分析 LED 手电筒中壳的切削加工工艺。

3）分析 LED 手电筒中壳的智能制造工艺过程。

📄 相关知识

一、LED 手电筒中壳智能制造相关资料

LED 手电筒中壳零件图和毛坯图如图 5-1 和图 5-2 所示，其加工工艺过程卡和设备清单见表 5-1 和表 5-2。

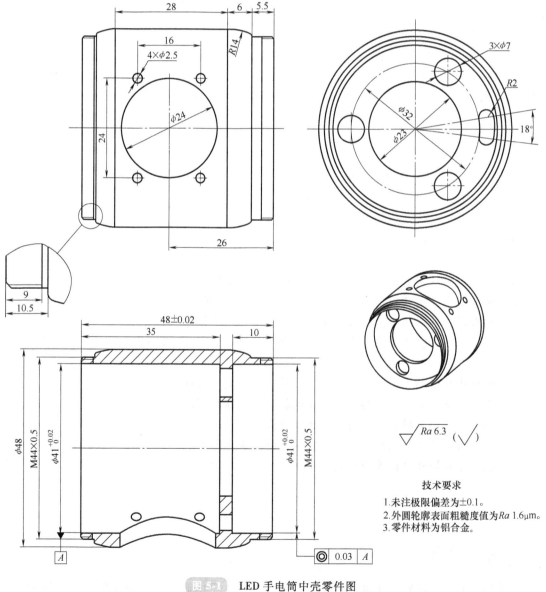

技术要求

1. 未注极限偏差为±0.1。
2. 外圆轮廓表面粗糙度值为 Ra 1.6μm。
3. 零件材料为铝合金。

图 5-1 LED 手电筒中壳零件图

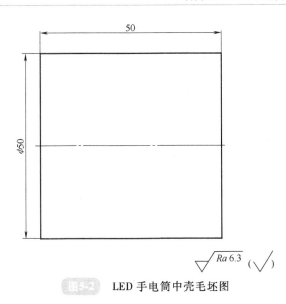

$\sqrt{Ra\,6.3}$（$\sqrt{}$）

图5-2　LED 手电筒中壳毛坯图

表5-1　LED 手电筒中壳加工工艺过程卡

机械加工工艺过程卡片					产品名称 型号	零件图号	零件名称	第1页
						LBT-004	LED 手电 筒中壳	共1页
材料 牌号	铝合金	毛坯种类	毛坯	毛坯外形尺寸	$\phi50\text{mm}\times50\text{mm}$	毛坯 件数	1	每台 件数	1	备注
工序号	工序 名称	工序内容				车间	设备	工艺装备	定额/min	
									准终	单件
01	粗车	夹一端,留 38mm 长度,粗车端面、$\phi48$mm 外圆(留 0.2mm 余量),钻定位孔,钻 $\phi23$mm 内孔,钻穿,粗车 $\phi41$mm×35mm 内孔(留 0.2mm 余量)					数控 车床			
02	精车	精车 $\phi41$mm×35mm 内孔,精车端面、$\phi48$mm、$\phi44$mm 外圆到尺寸,车 M44×0.5 螺纹								
03	粗车	工件调头装夹,粗车端面、$\phi44$mm、$\phi48$mm 外圆(留 0.2mm 余量),粗车内孔 $\phi41$mm×10mm 尺寸(留 0.2mm 余量)								
04	精车	精车端面、$\phi44$mm、$\phi48$mm 外圆到尺寸,精车内孔 $\phi41$mm×10mm 尺寸,车 M44×0.5 螺纹								
05	铣削	立式装夹,钻 $\phi7$mm 定位孔,钻 $\phi7$mm 通孔,加工腰形圆槽					加工 中心			
06	铣削	卧式装夹,钻 $\phi2.5$mm 定位孔,钻 $\phi2.5$mm 通孔,加工 $\phi24$mm 通孔								
					编制	校对	审核	批准	会签	
更改 标记	处数	更改依据	更改者	日期						

表 5-2　LED 手电筒中壳智能制造设备清单

序号	设备名称	规格型号	数量	单位	备注
1	自动化立体仓库	LBT-BAW01	1	套	
2	AGV 接驳台	LBT-JBT02	3	个	
3	AGV 小车	LBT-L50	1	台	
4	数控斜床身车床	LBT-450	1	台	
5	陈列式中转仓库	LBT-CC01D	1	个	
6	自动装配台	LBT/d002	1	台	
7	旋转式中转仓库	LBT-XC01A	1	台	
8	加工中心	LBT-NC400	1	台	
9	MES 系统	V1.0	1	套	

二、LED 手电筒中壳智能制造工序

LED 手电筒中壳的智能生产过程如图 5-3 所示。

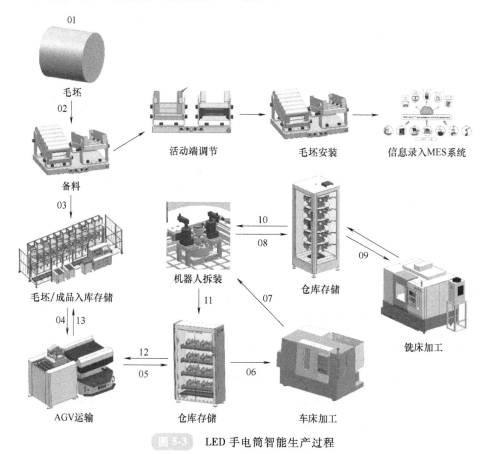

图 5-3　LED 手电筒智能生产过程

1. 毛坯

LED 手电筒中壳的毛坯为 φ50mm×50mm 棒料，材料为铝。

2. 备料

工人将毛坯放入搬运夹具中，将毛坯信息输入 MES 系统。

3. 毛坯入库存储

工人将搬运夹具放入 AGV 接驳台，伺服堆垛机器人将搬运夹具连同毛坯放入自动化立体仓库。

4. AGV 运输

伺服堆垛机器人将搬运夹具连同毛坯从自动化立体仓库中取出，通过 AGV 小车运送到车床旁边的 AGV 接驳台上。

5. 仓库存储

轨道机器人将搬运夹具连同毛坯一起放进陈列式中转仓库。

6. 车床加工

轨道机器人将毛坯从陈列式中转仓库取出，安装在数控车床卡盘中。

7. 机器人装夹

轨道机器人将车削完的工件夹至自动装调台，安装在铣床随行夹具上。

8. 仓库存储

轨道机器人将铣床随行夹具连同工件放入旋转式中转仓库。

9. 铣床加工

轨道机器人将工件连同铣床随行夹具从旋转式中转仓库夹出，然后安装到铣床的零点定位卡盘上。

10. 机器人拆卸

轨道机器人将铣削完的工件连同铣床随行夹具从铣床上取下，放进旋转式中转仓库中。

11. 仓库存储

轨道机器人将随行夹具连同工件从旋转式中转仓库取出放在自动装调台上，把工件从随行夹具上取下，并放进陈列式中转仓库的搬运夹具中。同时，将随行夹具放入旋转式中转仓库中。

12. AGV 运输

轨道机器人将搬运夹具连同加工好的工件从陈列式中转仓库中取出，放至旁边的 AGV 接驳台上。

13. 成品入库存储

AGV 小车将装有成品的搬运夹具运至自动化立体仓库，伺服堆垛机器人将搬运夹具连同成品送入仓库料位。

任务实施

引导问题 1

LED 手电筒中壳智能生产过程中所使用的设备有哪些？

1）切削设备：_____

2）物流设备：_____

3）仓储设备：_____

4）夹具装调设备：_____

引导问题 2

LED 手电筒中壳自动化生产过程中所使用的机器人是（　　　）。

A. 轨道机器人　　　　　B. 桁架机器人

引导问题 3

LED 手电筒中壳自动化生产过程是这样的：

1）备料阶段：工人将毛坯安装在_____（设备），并完成_____信息输入，然后放入_____（设备）中，由_____（设备）运到_____（设备）的 AGV 接驳台上，_____（设备）将工件连同随行夹具一起放入_____（设备）上等待后续加工。

2）车削阶段：机器人将工件连同随行夹具从_____（设备）中取出，放至_____（设备）上，在 MES 系统控制下，工件从_____（设备）转移至_____（设备）中，再由_____（设备）运至_____（设备）的 AGV 接驳台，机器人将随行夹具连同工件一起放入_____（设备）上，加工时，_____（设备）的门自动打开，机器人将工件取出，放入车床_____（设备）中，车床自动完成工件的车削加工。

3）工件二次装夹阶段：工件车削加工完后，_____（设备）将工件取出，放进_____（设备）中进行的铣床夹具安装，工件安装在夹具后，由_____（设备）取出，放进旋转式中转仓库等待加工。

4）铣削加工：_____（设备）从旋转式中转仓库中将工件取出，放在铣床工作台的零点卡盘上，进行工件其他部分的加工，加工完后，再由_____（设备）取出，放回_____（设备）。

5）工件拆卸：机器人将工件从_____（设备）取出，放在_____（设备）进行铣床夹具拆除，然后_____（设备）将工件放在_____（设备）内的搬运夹具上。AGV 小车将加工好的工件连同搬运夹具运到_____（设备）旁边的 AGV 接驳台上，_____（设备）将工件连同搬运夹具放进自动化立体仓库的料架上。

任务二　LED 手电筒中壳机床夹具设计

▶ 任务描述

分析零件加工工艺及自动化生产过程，完成以下任务：

1）选择合适的车床卡盘。

2）设计满足自动化装夹的铣床夹具。

3）设计工件自动化装调工装。

4）设计合适的机器人手爪。

相关知识

　　自动装配台是用于夹具装配、调试和检测的工作台。在本项目中，通过自动装配台，机器人将车削加工好的工件安装在工件拆装夹具中，将铣削好的工件从工件拆装夹具上拆卸下来。自动装配台是一种非标准化产品，图5-4所示为某公司开发的一种自动装配台，它主要由控制台、工作台（万能基础平板）和电气控制柜组成，能实现电路和气路的自动控制。

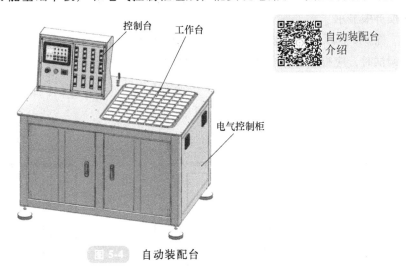

自动装配台介绍

图 5-4　自动装配台

　　自动装配台控制台如图5-5所示，它由以下几个部分组成。

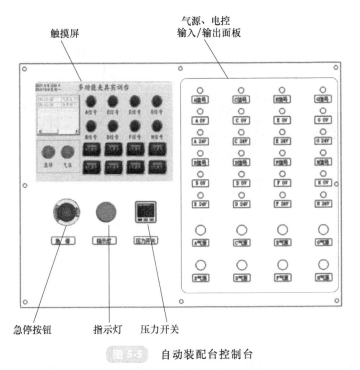

图 5-5　自动装配台控制台

　　（1）气源、电控输入/输出面板　由气源、电源快插接口组成，可提供0V、24V电信号及压缩气体接口，用于连接各类型 24V 感应器及气动执行元件。

（2）触摸屏　可对已接入气源、电控输入/输出面板的感应器进行状态实时显示，对执行元件进行手动输出控制。

（3）指示灯　显示自动装配台工作状态，处于自动运行状态时指示灯亮起，处于手动状态时指示灯熄灭。

（4）压力开关　实时检测气路压力大小，当压力低于工作压力时，输出报警信号并在触摸屏中显示。

图 5-6 所示为自动装配台的尺寸（槽宽和槽距等主要参数），应用工作台进行夹具装配和调试时，应根据工作台的尺寸规格选择合适的零件。

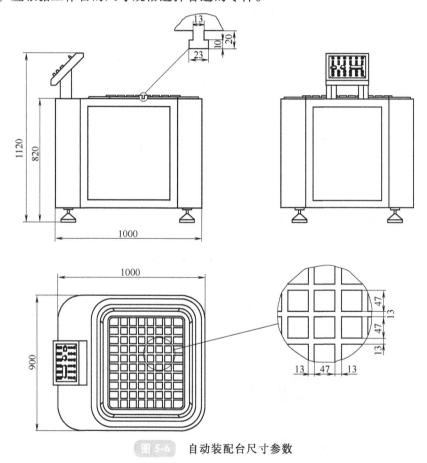

图 5-6　自动装配台尺寸参数

任务实施

一、车床卡盘选择

1. 加工信息获取

分析 LED 手电筒中壳的零件图、工艺过程卡及自动化生产工序，获取工件自动切削加工的相关信息。

引导问题 1

分析零件图和工艺过程卡，列出需要在车床上切削加工的零件特征。

_____

_____

_____

引导问题 2

分析 LED 手电筒中壳的零件图，列出加工时需要重点考虑的零件尺寸。

_____

_____

_____

引导问题 3

确定工件在车床卡盘上的装夹方式时，如何选择工件的定位基准和夹紧位置？应重点考虑的切削加工的工艺因素有哪些？

_____

_____

_____

引导问题 4

LED 手电筒中壳需要两次装夹才能完成加工，为尽量减少调头装夹导致的车削接痕，保证工件的同轴度要求，应该用卡盘先夹住工件_____部位，完成加工后，再调头，夹住_____部位，完成余下特征的加工。

引导问题 5

LED 手电筒中壳调头装夹时，应重点考虑满足_____尺寸精度要求。

引导问题 6

工件装夹和调头是通过_____（设备）自动完成的。这个设备是怎么样完成工件的装夹和调头？把这两个过程描述下来。

_____

_____

_____

2. 车床卡盘选择

学习车床卡盘相关知识，根据 LED 手电筒中壳车削加工的相关信息，完成卡盘类型及规格、参数的选择。

引导问题 7

根据引导问题 1-6 的分析结果，分析并讨论：适用于 LED 手电筒中壳车削加工的车床卡盘应满足哪些要求？将讨论结果列出来。

_____

_____

引导问题 8

学习并了解车床卡盘相关知识，选择适合 LED 手电筒中壳加工的车床卡盘，并说明选择理由。

卡盘类型为 （　　　）。

A. 自定心卡盘　　　　　B. 单动卡盘　　　　　C. 筒夹式卡盘　　　　　D. 内胀式卡盘

卡盘选择依据：_____

_____

_____

_____

二、铣床夹具设计

1. 铣削信息获取

分析 LED 手电筒中壳零件图、工艺过程卡及自动化生产工序，获取工件自动切削加工的相关信息。

引导问题 9

分析零件图和工艺过程卡，指出需要在铣床中加工完成的特征：

_____

_____

_____

引导问题 10

分析零件图和工艺过程卡，指出需要通过铣床装夹精度保证的重要尺寸：

_____

_____

引导问题 11

分析零件图和工艺过程卡，确定工件在铣床上加工时应（　　　）。

A. 横放　　　　　B. 竖放　　　　　C. 既有横放又有竖放

引导问题 12

分析工件自动化生产过程，确定工件以（　　　）方式安装在铣床上。

A. 人工手动　　　　　B. 机器人辅助

引导问题 13

根据引导问题 9~12 的分析结果，分析工件自动铣削加工过程，讨论要实现 LED 手电筒中壳的自动铣削加工，铣床夹具应该具备哪些功能，将讨论结果记录下来。

_____

_____

_____

2. 铣床夹具设计

引导问题 14

回忆零点定位系统及内胀式卡盘的工作原理，充分考虑零点定位系统的特点，结合零点卡盘、拉钉等元件设计铣床夹具以及工件的随行夹具（注：此随行夹具让工件能在零点卡盘上固定），并考虑以下问题：

1）如何在机器人帮助下迅速将工件安装到铣床上？

_____

2）如何让工件迅速安装在夹具上，并且让工件具有准确定位？

_____

3）本项目随行夹具有两个作用，一是夹紧工件，二是固定拉钉，利用随行夹具，工件就可安装在零点卡盘上。理解 LED 手电筒中壳的结构特点及加工工艺，思考该随行夹具应该具备怎么样的结构？

_____

4）随行夹具的驱动方式是（　　　）。
A. 手动　　　B. 液压　　　C. 气动
5）应该选择几个零点定位卡盘？它们应该如何安装在铣床工作台上，才能满足工件铣削时的要求？

_____

引导问题 15

根据引导问题 14 的分析结果，提出铣床夹具及工件随行夹具的设计方案。

引导问题 16

根据设计方案，完成夹具三维模型绘制。

三、工件拆装夹具设计

在将工件安装在铣床夹具前，应先将工件安装在工件随行夹具上，这一步由机器人完成，为此需要设计专门的拆装夹具，以辅助机器人将工件安装在工件随行夹具上。此工作任务要求大家了解自动装配台的结构及尺寸规格，完成工件随行夹具设计。

引导问题 17

分析机器人将工件安装在随行夹具的过程，并讨论工件拆装夹具应具备哪些功能。

_____

_____

_____

引导问题 18

分析并讨论：在自动装配台上，工件随行夹具如何在拆装夹具上定位和夹紧？

_____

_____

引导问题 19

分析并讨论：在机器人帮助下将工件（连同随行夹具）安装在铣床夹具上时，如何实现夹具对工件的自动夹紧？（提示：随行夹具对工件的夹紧定位方法可参考内胀式卡盘工作原理。）

_____

_____

引导问题 20

根据前面的讨论结果，完成工件拆装夹具的结构方案设计，并建立三维模型。

▶▶ 结果评价

引导问题 21

根据机床夹具功能要求，制订机床夹具的评价标准和指标（表 5-3），并对设计的对机床夹具进行评价，并提出相应的改进方案。

表 5-3　机床夹具评价表

序号	评价指标	评价结果	改进方案
1			
2			
3			
4			
5			
6			
7			

引导问题 22

根据工件拆装夹具的功能要求，制订工件拆装夹具的评价标准和指标（表 5-4），并对设计的拆装夹具进行评价，并提出相应的改进方案。

表 5-4　拆装夹具评价表

序号	评价指标	评价结果	改进方案
1			
2			
3			
4			
5			
6			
7			

任务三　LED 手电筒中壳搬运方案设计

任务描述

LED 手电筒中壳是一种较小的工件，在其自动化生产过程中，为方便工件的存储和搬运，提高生产率，通常用专门设计的夹具一次性搬运多个工件。本项目专门设计的夹具主要用于将工件由自动化立体仓库搬运到加工设备旁，然后由机器人对工件进行取、放料操作。分析 LED 手电筒中壳的智能制造工艺，制订工件自动搬运方案，并完成以下设计内容：

1）设计 LED 手电筒中壳的搬运夹具。
2）设计轨道机器人手爪。

设计的搬运夹具需要满足以下要求：

1）满足工件定位和夹紧要求。
2）满足 AGV 小车搬运要求。
3）满足轨道机器人自动夹取工件要求。
4）满足搬运夹具、轨道机器人与其他设备信息交互要求。

相关知识

自动化中转仓库是自动化生产线中的一种立体仓库，通常设置在主要加工设备附近，用于临时存放毛坯、半成品或成品，以协调各设备的生产节奏。根据存放工件的料架是否运动，可将自动化中转仓库分为陈列式和旋转式。陈列式中转仓库的料架是固定的；旋转式中转仓库的料架是运动的，它可围绕中心旋转。中转仓库通常由安全门、料架、料位、电子标签等组成。

（1）安全门　起安全防护作用，打开后，可手动取、放工件。

（2）料架　起放置工件作用，每个仓库通常设置有 5~6 个料架，每个料架可设置若干料位。

（3）料位　设置在料架上，给工件或随行夹具起定位作用的结构。为确保工件或夹具的定位及安全放置，料位的形状、结构要根据工件或夹具的结构进行设计。料位可以是一个单独的结构，也可以是料架上的专门设计的部位。为了让仓库能够适用更多的产品，料位通常用螺钉固定在料架上，当产品变化时，可以灵活更换料位，如图 5-7 所示。

（4）RFID 电子标签　主要用于识别工件信息，通常安装在料位上。如果工件或夹具上已经安装 RFID 电子标签，则不需要在料位上重复安装。

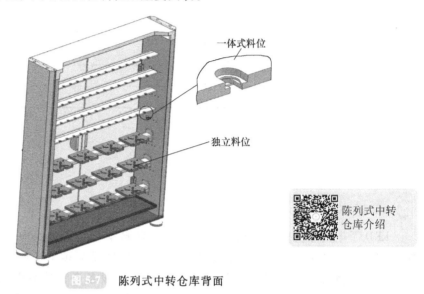

图 5-7　陈列式中转仓库背面

一、陈列式中转仓库工作过程

智能制造过程中，主要由 MES 系统控制机器人执行取料和放料动作，机器人收到 MES 系统发出的指令后，执行相关动作，动作执行完后，会将信号反馈给 MES 系统。

1. 取料过程（图 5-8）

MES 系统向机器从发出取料指令；机器人接收到指令后，控制机器人手爪到指定料位夹取产品；机器人取完料后，向 MES 发出取料完成信号。

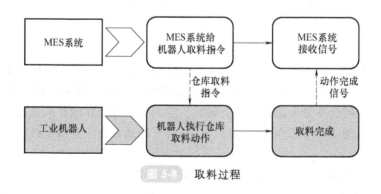

图 5-8　取料过程

2. 放料过程（图 5-9）

MES 系统向机器人发出放料指令；机器人接收到放料指令后，将产品放回到指定的料位；机器人完成放料后，向 MES 系统发出放料完成信息。

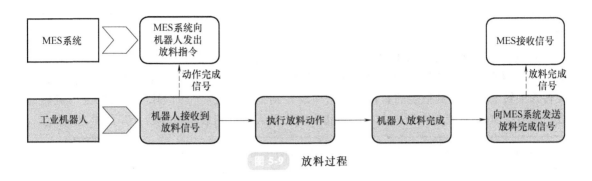

图 5-9　放料过程

二、旋转式中转仓库工作过程

旋转式中转仓库的每个料位都有唯一的编号，当它接收到 MES 系统发出的控制指令时，自动将指定料位旋转到库门的正中位置，以便机器人抓取工件。为了使工件牢固地放置在料位上，要根据工件特点设计料位的形状。如图 5-10 所示，在工件上安装了 3R 零点定位系统，将仓库的料位设计成 U 形，安装时，将 3R 拉钉卡槽卡入 U 形口，就可以很好地固定工件。

旋转式中转仓库介绍

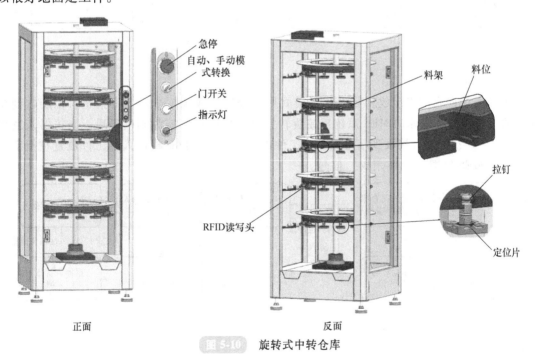

正面　　　　　　　　　　　　　反面

图 5-10　旋转式中转仓库

旋转式中转仓库的工件放置和取出动作，需要在 MES 系统控制下，通过仓库和机器人的相互配合才能完成。

1. 取料过程（图 5-11）

通过 MES 系统查看仓库的空余料位，并将仓库设置成手动模式；手动将录有 RIFD 信息的工件放置在空余位置上；关好玻璃门并将仓库设置成自动模式；当 MES 系统检测到仓库为自动模式时，向仓库发送扫描指令；仓库接收到扫描指令后，仓库自动旋转，此时，RFID 读写头扫描料位上的电子标签，获取工件信息；仓库将获取的信息发送给 MES 系统，MES 将获取的工件信息与系统中的加工工艺绑定；仓库扫描完工件信息后，向 MES 系统反馈"工件信息扫描完成"信号；MES 系统接收到信号后，向旋转式中转仓库发送取料指令，旋转式中转仓库旋转到指定的料位；当仓库旋转到指定料位时，向 MES 系统发送"旋转完成"指令，MES 系统向机器人发出取料指令；机器人接收到取料指令后，开始抓取工件。

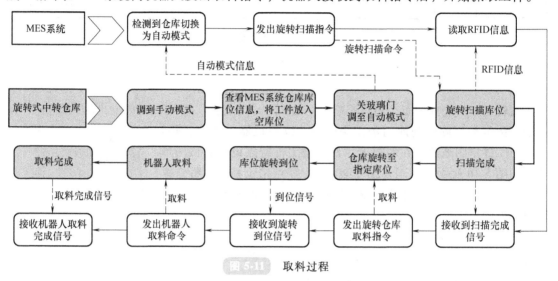

图 5-11　取料过程

2. 放料过程（图 5-12）

MES 系统向仓库发出放料指令；旋转式中转仓库接收到信号后，将指定料位旋转到仓库门的正中位置；仓库向 MES 系统反馈旋转完成信号；MES 接收到信号后，向机器人发出"放料"指令；机器人接收到信号后，将工件放置在指定料位；机器人将工件放置在指定料位后，向 MES 反馈"放料完成"信号。

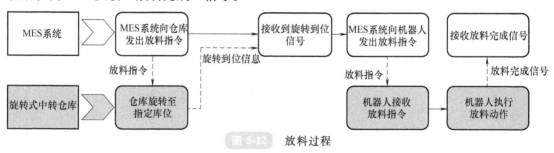

图 5-12　放料过程

任务实施

1. LED 手电筒中壳智能制造工艺信息获取

引导问题 1

仔细观看 LED 手电筒中壳的智能制造过程视频，工件搬运夹具需要搬运和承载的对象包括：_____

引导问题 2

分析 LED 手电筒智能制造过程，完成以下问题的讨论：

1）对于小型工件，如果通过搬运设备进行单个搬运，会降低工作效率，并占用大量设备资源。为提高工作效率，通常针对工件外形及搬运条件设计专门的夹具，通过专门夹具一次性搬运多个工件，我们将此类专门用于搬运的夹具称为搬运夹具。在本项目中，LED 手电筒中壳通过搬运夹具进行搬运，搬运夹具一起存储在自动化中转仓库中。请思考，为满足自动化中转仓库自动存放的要求，LED 手电筒中壳搬运夹具应具备哪些功能？

_____

_____

2）在搬运工件过程中搬运夹具会在 AGV 小车和 AGV 接驳台之间进行转移。请思考，为实现这种转移，所设计的搬运夹具应具备哪些功能？

_____

_____

3）在各加工设备处，工件被机器人抓取并安装到加工设备的夹具中。请从工件便于机器人抓取的角度思考，工件应如何放置在搬运夹具中？搬运夹具应如何实现工件的定位和夹紧？把讨论的结果记录下来。

_____

_____

4）当工件从自动化立体仓库取出，通过 AGV 小车搬运到各加工设备后，其他工作都是由机器人辅助完成。请思考：轨道机器人的具体工作任务有哪些？它需要抓取的对象有哪些？

_____

_____

_____

5）请根据前面的讨论结果进一步分析机器人手爪应具备哪些功能。

_____

_____

_____

引导问题 3

根据引导问题 2 的讨论结果，总结出工件搬运夹具和机器人手爪应具备的功能特点。

工件搬运夹具应具备的功能有：_____

_____

_____

_____

机器人手爪应具备的功能有：_____

_____

_____

2. 工件搬运夹具和轨道机器人手爪结构方案设计

引导问题 4

请对前面的讨论结果进行归纳，总结工件搬运夹具应具备的所有功能和结构特征，并进一步讨论搬运夹具的设计方案。

引导问题 5

请对前面的讨论结果进行归纳，总结机器人手爪应具备的所有功能和结构特征，并进一步讨论出机器人手爪的设计方案。

引导问题 6

根据引导问题 4、5 的讨论结果，完成工件搬运夹具和机器人手爪的三维建模。

⊇» 结果评价

引导问题 7

根据讨论的工件搬运夹具和机器人手爪的功能，制订工件搬运夹具和器人手爪的评价标准和指标。

引导问题 8

根据引导问题 7 的讨论结果，对工件搬运夹具和机器人手爪进行评价（表 5-5 和表 5-6），并提出相应的改进方案。

表 5-5　工件搬运夹具评价指标和评价结果

序号	评价指标	评价结果	改进方案
1			
2			
3			
4			
5			
6			
7			
8			

表 5-6　机器人手爪评价指标和评价结果

序号	评价指标	评价结果	改进方案
1			
2			
3			
4			
5			
6			
7			
8			

任务四　LED 手电筒中壳夹具试产与优化设计

任务描述

绘制夹具工程图（包括机床夹具、搬运夹具及工件拆装夹具），完成夹具的生产和装配，并在自动化生产线上试运行，及时发现夹具存在的问题，对夹具结构进行修正和优化。

任务实施

引导问题 1

完成搬运夹具的零件图绘制，并根据表 5-7 所列内容对零件图进行分析评价。

表 5-7　零件图分析评价表

序号	分析内容	分析结果	改进方案
1	零件图的结构要素是否完整		
2	零件图是否能清楚地表达零件结构		
3	零件图是否能清楚地表达尺寸要求		
4	零件图是否能清楚地表达加工精度要求		
5	零件图是否能清楚地表达表面粗糙度要求		
6	零件图是否能清楚地表达材料要求		
7	零件图是否符合国家和行业制图标准中的相关规范		

引导问题 2

完成搬运夹具装配图绘制，并根据表 5-8 所列内容对装配图进行分析评价。

表 5-8　装配图分析评价表

序号	分析内容	分析结果	改进方案
1	装配图的结构要素是否完整		
2	装配图是否能清楚地表达零件间的位置关系		
3	装配图是否能清楚地表达零件间的装配关系		
4	装配图的尺寸是否完整		
5	装配图是否能清楚地表达所使用的标准件规格和数量		
6	装配图是否能清楚地表达夹具装配要求		
7	装配图是否符合国家或行业制图标准中的相关规定		

引导问题 3

完成夹具的生产及装配，通过实际生产对机床夹具、搬运夹具和工件拆装夹具进行检验，列出试运行过程中出现的问题（表 5-9），分析问题产生的原因，提出改进方案。

表 5-9　试运行过程中的问题分析及改进

序号	问题描述	原因分析	改进方案
1			
2			
3			
4			

引导问题 4

该项目的实施，对我们以后的学习、工作有什么启发？特别是作为现代技术人员应该具备什么样的职业道德、职业素养和职业精神？

考核评价

以小组的形式共同完成本项目的学习，各组通过 PPT 向大家介绍自己的成果（包括但不限于：夹具设计方案、三维模型、工程图），各组根据表 5-10 和表 5-11 所列内容完成项目小组成绩和个人关键能力成绩的评定，根据下式完成个人成绩计算。

个人成绩＝小组成绩×50%＋个人关键能力成绩×50%

表 5-10　项目小组评价指标

组号		项目名称			
组长		组员			
序号	工作内容	评价项目	评价指标	评分标准	得分结果
1	夹具设计方案的制订	随行托板的选择	工件、夹紧元件及定位元件能完全布置在随行托板内	3分	
			随行托板能购买得到,或者它是学校或企业现有的随行托板规格	2分	
		工件定位及夹紧设计	工件定位方案设计合理,不存在过定位、欠定位等情况	5分	
			工件夹紧方案设计合理,工件安装方便可靠	8分	
			工件夹紧驱动方案设计合理,学校或企业具备实施驱动方案的条件	2分	
		工件托板在设备上的定位方案设计	选择合理的卡盘数量,不存在卡盘数量太少,导致工件托板不能完全定位,或卡盘数量过多,导致工件托板过定位等问题	5分	
			随行托板能快速夹紧并固定在卡盘上	5分	
2	夹具工程图的绘制		图样符合国家或行业制图相关标准	3分	
			零件图内容要素完备	5分	
			零件图能正确表达零件结构	7分	
			装配图内容要素完备	5分	
3	夹具建模		能完成夹具零件三维模型建模	15分	
			能完成夹具装配三维模型建模	15分	
4	夹具生产、装配与试产		能正确装配夹具	10分	
			能成功试制生产夹具	10分	
		总　　分		100分	

表 5-11　个人关键能力评价表

班级		学号			姓名	
序号	关键能力	评价指标			分值	得分
1	信息获取	能够从复杂学习或工作任务中准确理解和获取完整关键信息			15分	
		能够围绕主要问题,按照一定的策略,熟练运用互联网技术,迅速、准确地查阅到与主题相关信息,并表现出较高查阅和检索技巧				
		能够对查阅的信息进行整理归纳,找出与解决问题相关的关键信息				

（续）

序号	关键能力	评价指标	分值	得分
2	自主学习	养成课外学习或工作之余学习的习惯 非常清楚自身不足,并确立学习目标,自主制订合理学习计划,计划实施性强 掌握符合自身特点的学习方法,能较快掌握新知识和新技能	15分	
3	解决问题	能够迅速、准确地发现学习或工作中存在的问题 形成自我分析问题思路,对于一个问题能够有较多种解决方案,并能找出较佳方案 常有创新性的解决思路和方法 定期对一些学习或工作经验、知识进行较好总结,并不断完善提高	20分	
4	负责耐劳	具有较强的责任心,有较强高质量完成学习或工作任务的意识,做事一丝不苟 严格遵守单位或部门的纪律要求,服从工作安排 团队协作时,能够积极主动承担脏活、累活 心智成熟稳定,能够按照长远发展目标,从底层做起	20分	
5	人际沟通	能撰写1000字以上的材料或一般工作计划,条理清晰,主次分明,表达准确,具有较强的文字表达能力 善于倾听他人意见,并准确理解他人想法 语言表达条理清楚,重点突出,语句连贯,语意较容易被理解 掌握一定人际沟通技巧,与他人沟通顺畅	15分	
6	团队合作	在团队学习或工作中,能够很好地融入和信任团队,并能和他人协作高质量完成复杂任务 团队内部能够分工明确,各司其职,但又能主动热心帮助他人 合作中,能够以团队为中心,充分尊重他人和宽容他人,对于不同意见,能服从多数人意见	15分	
总　　分			100分	

项目六

顶杆发动机盖智能制造夹具设计

项目导读

顶杆发动机盖是典型的箱体类零件，它的外形及内部结构都比较复杂，涉及的切削加工工序包括铣削平面、铣削槽、钻孔及攻螺纹，在普通铣床上加工需要两次装夹才能完成，根据提供的顶杆发动机盖零件图、生产工艺图，完成顶杆发动机盖智能制造搬运夹具及机床夹具设计，并进行生产验证。

学习目标

（1）知识目标

1）了解箱体类零件的智能制造工艺。

2）掌握智能制造夹具设计方法。

3）掌握组合夹具设计方法。

4）掌握机器人手爪设计方法。

（2）能力目标

1）能根据零件特点，设计满足加工工艺要求的机床夹具。

2）能根据零件智能制造工艺过程，设计满足零件智能搬运要求的搬运夹具。

3）能利用互联网、图书馆等渠道完成信息的收集与整理。

4）能与同学、老师对智能制造相关问题进行沟通和探讨。

5）能分析及解决项目实施过程中遇到的问题。

6）能倾听并理解他人想法，具备文字总结及表达能力。

7）能与团队协作共同完成项目。

任务一　夹具基本信息和要求分析

任务描述

观看顶杆发动机盖的智能制造过程视频，完成下面三个任务：

1）分析顶杆发动机盖的结构。

2）分析顶杆发动机盖的加工工艺。

3）分析顶杆发动机盖的智能制造工艺过程。

相关知识

一、顶杆发动机盖智能制造相关资料

顶杆发动机盖零件图如图 6-1 所示，其加工工艺过程卡和设备清单见表 6-1 和表 6-2。

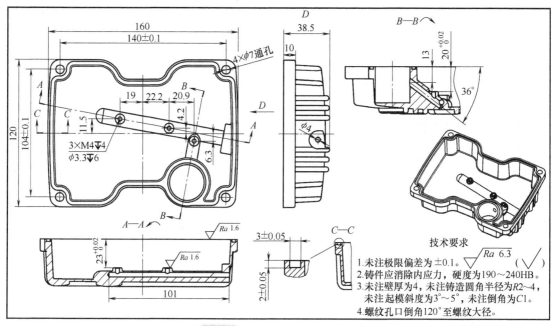

技术要求

1. 未注极限偏差为±0.1。
2. 铸件应消除内应力，硬度为190～240HB。
3. 未注壁厚为4，未注铸造圆角半径为R2～4，未注起模斜度为3°～5°，未注倒角为C1。
4. 螺纹孔口倒角120°至螺纹大径。

图 6-1　顶杆发动机盖零件图

表6-1　顶杆发动机盖加工工艺过程卡

机械加工工艺过程卡片					产品名称型号		零件图号		零件名称		第 1 页	
									顶杆发动机盖		共 1 页	
材料牌号	HT250	毛坯种类	铸件	毛坯外形尺寸	160mm×120mm×38.5mm		毛坯件数	1	每台件数	1	备注	
工序号	工序名称	工序内容					车间	设备	工艺装备		定额/min	
											准终	单件
01	铣槽	工件正面装夹,铣削发动机盖 3mm×2mm 环形槽到位										
02	钻孔	钻削 4×φ7mm 通孔、3×φ3.3mm 孔										
03	攻螺纹	完成 3×M4 螺纹加工						LBT-NC400 加工中心				
04	铣面	铣削顶杆发动机盖密封表面及三个油孔端面										
05	钻孔	完成顶杆发动机盖侧面 φ4mm 圆孔钻削										
06	铣面	完成顶杆发动机盖侧面 φ4mm 圆孔台面锪平										

（续）

工序号	工序名称	工序内容			车间	设备	工艺装备	定额/min	
								准终	单件
		编制	校对	审核	批准	会签			
更改标记	处数	更改依据	更改者	日期					

表 6-2　顶杆发动机盖智能制造主要设备清单

序号	设备名称	规格型号	数量	单位	备注
1	自动化立体仓库	LBT-BAW01	1	套	
2	AGV 接驳台	LBT-JBT02	3	个	
3	AGV 小车	LBT-L50	1	台	
4	阵列式中转仓库	LBT-CC01D	1	个	
5	加工中心	LBT-NC400	2	台	
6	MES 系统	V1.0	1	套	

二、顶杆发动机盖智能生产工序介绍

顶杆发动机盖的智能生产流程包括壳体毛坯准备、立体仓库存储、AGV 运输、视觉分拣、仓库存储、工件（正面、侧面）加工、仓库存储、工件入塑料框、AGV 运输、立体仓库存储，如图 6-2 所示。

1. 壳体毛坯

工件毛坯是铸件。

2. 立体仓库存储

工人将毛坯放入塑料框中，再将塑料框连同毛坯放在自动化立体仓库旁的 AGV 接驳台上，由堆垛机器人将塑料框连同毛坯一起放入仓库。

3. AGV 运输

堆垛机器人将塑料框连同毛坯取出，放在 AGV 接驳台上，AGV 小车将工件运到陈列式中转仓库旁边的 AGV 接驳台上。

4. 视觉分拣

机器人利用视觉功能自动抓取塑料框的毛坯。

5. 仓库存储

机器人将毛坯单独放入到陈列式中转仓库中存储，以备后续加工。

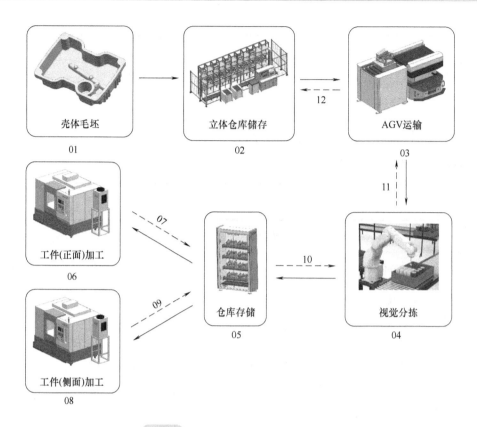

图 6-2 顶杆发动机盖智能生产流程

6. 工件正面加工

机器人将毛坯从陈列式中转仓库中取出，放在机床的夹具中，夹具自动夹紧工件并完成工件正面的加工。

7. 仓库存储

机器人将工件从机床中取，放入陈列式中转仓库存储。

8. 工件侧面加工

机器人将毛坯从陈列式中转仓库中取出，放在机床的夹具中，夹具自动夹紧工件并完成工件侧面的加工。

9. 仓库存储

机器人将成品从机床取出放到陈列式中转仓库存储。

10. 工件入 AGV 接驳台

机器人将成品从陈列式中转仓库中取出，放入仓库旁的塑料框中。

11. AGV 运输

AGV 小车将塑料框连同成品运送到自动化立体仓库旁边的 AGV 接驳台上。

12. 立体仓库存储

堆垛机器人将塑料框连同成品一起放入仓库。

任务实施

引导问题 1

顶杆发动机盖智能生产过程中所使用的设备有哪些？

1）切削设备：_____

2）物流设备：_____

3）仓储设备：_____

引导问题 2

顶杆发动机盖智能生产过程中使用的是（　　　）。

A．轨道机器人　　　B．桁架机器人

引导问题 3

1）将顶杆发动机盖从自动化立体仓库搬运到陈列式中转仓库过程中，使用的设备包括：_____

_____

2）将顶杆发动机盖从自动化立体仓库取出，放到 AGV 接驳台上所使用的设备是：____

_____

引导问题 4

大家通过图书馆、互联网等渠道查询并了解机器人视觉应用相关知识，分析并讨论：在视觉分拣环节应用机器人视觉功能有什么好处？如果不采用视觉功能会遇到哪些难题？

_____

_____

_____

引导问题 5

大家学习和了解自动化中转仓库的相关知识，分析并讨论：在此智能生产过程中陈列式中转仓库的作用是什么？能否不用陈列式中转仓库？为什么？

1）陈列式仓库的作用：

_____

_____

2）能否不用陈列式仓库？原因：_____

_____

_____

任务二　顶杆发动机盖机床夹具设计

📝 任务描述

顶杆发动机盖在铣床中完成工件正面的加工后，再转移到另一台机床上进行侧面加工，在这个过程中，需要在两台机床的工作台上分别安装机床夹具，以辅助顶杆发动机盖的切削加工。请大家分析顶杆发动机盖的结构及智能生产过程，完成以下学习任务：

1）设计顶杆发动机盖正面加工机床夹具。

2）设计顶杆发动机盖侧面加工机床夹具。

3）完成夹具的安装调试。

4）运行生产线试生产顶杆发动机盖，检验夹具的性能水平。

设计的夹具需要满足以下要求：

1）夹具要能够在 PLC 控制下实现顶杆发动机盖的自动装夹。

2）夹具要能够在机器人辅助下实现顶杆发动机盖的自动装夹。

3）夹具要能够保证顶杆发动机盖的加工精度。

📝 任务实施

一、正面加工夹具设计

1. 加工信息获取

引导问题 1

对顶杆发动机盖的零件图进行分析，确认顶杆发动机盖正面加工的内容。

正面加工的内容包括：_____

_____

_____

引导问题 2

分析顶杆发动机盖正面加工尺寸，选出重要的尺寸。

重要尺寸包括：_____

_____

_____

引导问题 3

工件定位时，需要约束工件的哪些自由度才能保证尺寸公差？为什么？把分析结果记录在表 6-3 中。

表 6-3　需要被约束的自由度

序号	尺寸公差	影响公差的自由度
1		
2		
3		
4		
5		

2. 定位方案设计

引导问题 4

根据引导问题 3 的分析结果，设计定位方案，并填写表 6-4。

表 6-4　定位方案

序号	需要被约束的自由度	定位元件类型	定位元件规格	备注
1				元件规格写法参照标准中的标记示例
2				
3				

引导问题 5

在完成引导问题 4 的基础上，计算其定位误差，判断该定位方案的可行性，将计算过程记录下来。

3. 夹紧方案设计

引导问题 6

根据引导问题 4 确定的定位方案，确定工件夹紧力的方向，将讨论结果填入表 6-5 中。

表 6-5　工件夹紧力的方向

序号	夹紧力方向	选择依据
1		
2		
3		

引导问题 7

在引导问题 6 基础上，确定工件夹紧力作用点，把分析结果记录在表 6-6 中。

表 6-6　工件夹紧力的作用点

序号	夹紧力作用点描述	作用点选择依据
1		
2		
3		
4		
5		

引导问题 8

在引导问题 6、7 的讨论结果基础上，完成夹紧方案的设计。

4. 夹具结构设计

引导问题 9

大家分析讨论，根据该夹具使用的环境要求，确定夹具的动力源为（　　　）。

A. 手动　　　　　　B. 气缸　　　　　　C. 电动机　　　　　　D. 其他

引导问题 10

团队完成以下内容的设计：

1）夹具定位元件设计。

2）夹具夹紧元件设计。

3）传力机构设计。

4）对定装置设计。

5）夹具体设计

二、侧面加工夹具设计

1. 加工信息获取

引导问题 11

对顶杆发动机盖的零件图进行分析，确认顶杆发动机盖侧面加工的内容。

侧面加工的面包括：＿＿＿＿＿＿＿＿＿＿＿＿＿＿＿＿＿＿＿＿＿＿＿＿＿＿＿

＿＿＿＿＿＿＿＿＿＿＿＿＿＿＿＿＿＿＿＿＿＿＿＿＿＿＿＿＿＿＿＿＿＿＿＿＿

＿＿＿＿＿＿＿＿＿＿＿＿＿＿＿＿＿＿＿＿＿＿＿＿＿＿＿＿＿＿＿＿＿＿＿＿＿

引导问题 12

分析顶杆发动机盖侧面加工尺寸，选出重要的尺寸。

重要尺寸包括：＿＿＿＿＿＿＿＿＿＿＿＿＿＿＿＿＿＿＿＿＿＿＿＿＿＿＿＿＿＿

＿＿＿＿＿＿＿＿＿＿＿＿＿＿＿＿＿＿＿＿＿＿＿＿＿＿＿＿＿＿＿＿＿＿＿＿＿

引导问题 13

工件定位时，需要约束工件的哪些自由度才能保证尺寸公差？为什么？把分析结果记录在表 6-7 中。

表 6-7 需要被约束的自由度

序号	尺寸公差	影响公差的自由度
1		
2		
3		
4		
5		

2. 定位方案设计

引导问题 14

根据引导问题 13 的分析结果，设计定位方案，并填写表 6-8。

表 6-8 定位方案

序号	需要约束的自由度	定位元件类型	定位元件规格	备注
1				元件规格写法参照标准中的标记示例
2				
3				

引导问题 15

在完成引导问题 14 的基础上，计算定位误差，判断该定位方案的可行性，将计算过程记录下来。

_____

_____

_____

_____

_____

_____

_____

3. 夹紧方案设计

引导问题 16

根据引导问题 14 确定的定位方案，确定工件夹紧力的方向，将讨论结果填入表 6-9 中。

表 6-9　工件夹紧力的方向

序号	夹紧力方向	选择依据
1		
2		
3		

引导问题 17

在引导问题 16 基础上，确定工件夹紧力作用点，把分析结果记录在表 6-10 中。

表 6-10　夹紧力的作用点

序号	夹紧力作用点描述	作用点选择依据
1		
2		
3		
4		
5		

引导问题 18

在引导问题 16、17 的讨论结果基础上，完成夹紧方案的设计。

4. 夹具结构设计

引导问题 19

大家分析讨论，根据该夹具使用的环境要求，确定夹具的动力源为（　　）。
A. 手动　　B. 气缸　　C. 电动机　　D. 其他

引导问题 20

团队完成以下内容的设计：
1）夹具定位元件设计。
2）夹具夹紧元件设计。
3）传力机构设计。
4）对定装置设计。
5）夹具体设计。

结果评价

引导问题 21

分析零件的加工要求及智能生产要求，分析铣床夹具功能要求，制订机床夹具的评价标准和指标（表 6-11 和表 6-12），并对设计的机床夹具进行评价，并提出相应的改进方案。

表 6-11 正面加工夹具评价表

序号	评价指标	评价结果	改进方案
1			
2			
3			
4			
5			
6			
7			

表 6-12 侧面加工夹具评价表

序号	评价指标	评价结果	改进方案
1			
2			
3			
4			
5			
6			
7			

任务三 顶杆发动机盖搬运方案设计

任务描述

顶杆发动机盖是一种体积较小、形状不规则的铸件，在其智能生产过程中，一般把它集中放在一个容器中，便于在自动化立体仓库中存储和在 AGV 小车集中搬运。在进入加工中心加工时，机器人手爪把它们夹取到陈列式中转仓库临时存储，需要时，再从仓库取出，安装在机床上加工。请仔细分析顶杆发动机盖智能生产流程，制订工件自动搬运方案，完成相关搬运夹具设计，具体包括以下内容：

1）设计轨道机器人手爪。

2）设计工件集中搬运容器。

设计的搬运夹具需要满足以下要求：

1）满足自动化立体仓库存放要求。

2）满足 AGV 小车搬运要求。

3）满足轨道机器人手爪自动夹取工件要求。

4）满足机床夹具自动装配要求。

5）满足搬运夹具、轨道机器人与其他设备信息交互要求。

⚡ 任务实施

一、顶杆发动机盖智能生产流程信息获取

引导问题 1

分析和了解顶杆发动机盖的智能生产流程，讨论其生产过程中所使用的设备，把这些设备的名称、型号列出来。

仓库设备：_____

搬运设备：_____

加工设备：_____

引导问题 2

分析顶杆发动机盖的智能生产过程，讨论以下问题：

1）分析工件在自动化立体仓库自动存放过程，分析搬运夹具应满足哪些要求才能实现自动存放。

_____

_____

_____

2）分析并讨论：搬运夹具应满足哪些要求才能实现工件在 AGV 小车和 AGV 接驳台间自动交换？

_____

_____

_____

_____

引导问题 3

分析工件的形状特征，综合考虑工件在陈列式中转仓库的取放要求和铣床夹具自动装夹要求，完成以下动作设计。

1）机器人手爪从搬运夹具上取下工件的动作：_____

_____

_____

2）机器人手爪夹取工件放入陈列式中转仓库的动作：_____

_____

3）机器人手爪夹取工件放入正面加工夹具的动作：_____

_____

_____

4）机器人手爪夹取工件放入侧面加工夹具的动作：_____

_____

_____

引导问题 4

根据引导问题 2、3 的分析结果，归纳总结出搬运夹具和机器人手爪应具备的功能。
1）搬运夹具应具备的功能：_____

_____

2）机器人手爪应具备的功能：_____

_____

_____

_____

二、工件搬运夹具和轨道机器人手爪结构方案设计

引导问题 5

完成搬运夹具结构方案设计，使搬运夹具具备引导问题 4 所讨论的功能。

引导问题 6

完成机器人手爪结构方案设计，使机器人手爪具备引导问题 4 所讨论的功能。

引导问题 7

根据引导问题 5、6 讨论结果，完成搬运夹具和机器人手爪结构的三维建模。

结果评价

引导问题 8

根据讨论的搬运夹具和机器人手爪结构的功能，制订搬运夹具和机器人手爪结构的评价
标准和指标。

引导问题 9

根据引导问题 8 的讨论结果，对搬运夹具和机器人手爪结构进行评价（表 6-13 和表 6-14），
并提出相应的改进方案。

表 6-13　搬运夹具评价指标和评价结果

序号	评价指标	评价结果	改进方案
1			
2			

（续）

序号	评价指标	评价结果	改进方案
3			
4			
5			
6			
7			
8			

表 6-14　机器人手爪评价指标和评价结果

序号	评价指标	评价结果	改进方案
1			
2			
3			
4			
5			
6			
7			
8			

任务四　顶杆发动机盖夹具试产与优化设计

任务描述

　　绘制夹具工程图（包括搬运夹具、机床夹具），完成夹具的生产和装配，并在智能生产线上试运行，而后发现问题并对夹具结构进行修正和优化。

任务实施

引导问题 1

　　完成搬运夹具和机床夹具的零件图绘制，并根据表 6-15 所列内容对零件图进行分析评价。

表 6-15　零件图分析评价表

序号	分析内容	分析结果	改进方案
1	零件图的结构要素是否完整		
2	零件图是否能清楚地表达零件结构		
3	零件图是否能清楚地表达尺寸要求		
4	零件图是否能清楚地表达加工精度要求		

（续）

序号	分析内容	分析结果	改进方案
5	零件图是否能清楚地表达表面粗糙度要求		
6	零件图是否能清楚地表达材料要求		
7	零件图是否符合国家和行业制图标准中的相关规范		

引导问题 2

完成搬运夹具和机床夹具装配图绘制，并根据表 6-16 所列内容对装配图进行分析评价。

表 6-16　装配图分析评价表

序号	分析内容	分析结果	改进方案
1	装配图的结构要素是否完整		
2	装配图是否能清楚地表达零件间的位置关系		
3	装配图是否能清楚地表达零件间的装配关系		
4	装配图的尺寸是否完整		
5	装配图是否能清楚地表达所使用的标准件规格和数量		
6	装配图是否能清楚地表达夹具装配要求		
7	装配图是否符合国家和行业制图标准中的相关规定		

引导问题 3

完成夹具的生产及装配，通过实际生产对搬运夹具和机床夹具进行检验，列出试运行过程中出现在问题（表 6-17），分析问题产生的原因、提出改进方案。

表 6-17　试运行过程中的问题分析及改进

序号	问题描述	原因分析	改进方案
1			
2			
3			
4			

引导问题 4

该项目的实施对我们以后的学习、工作有什么启发？特别是作为现代技术人员应该具备什么样的职业道德、职业素养和职业精神？

_____

_____

_____

_____

⏩ 考核评价

以小组的形式共同完成本项目的学习，各组通过 PPT 向大家介绍自己的成果（包括但不限于：夹具设计方案、三维模型、工程图），各组根据表 6-18 和表 6-19 所列内容完成项目小组成绩和个人关键能力成绩的评定，根据下式完成个人成绩计算。

个人成绩＝小组成绩×50%＋个人关键能力成绩×50%

表 6-18　项目小组评价指标

组号		项目名称			
组长		组员			
序号	工作内容	评价项目	评价指标	评分标准	得分结果
1	夹具设计方案的制订	随行托板的选择	工件、夹紧元件及定位元件能完全布置在随行托板内	3分	
			随行托板能购买得到，或者它是学校或企业现有的随行托板规格	2分	
		工件定位及夹紧设计	工件定位方案设计合理，不存在过定位、欠定位等情况	5分	
			工件夹紧方案设计合理，工件安装方便可靠	8分	
			工件夹紧驱动方案设计合理，学校或企业具备实施驱动方案的条件	2分	
		工件托板在设备上的定位方案设计	选择合理的卡盘数量，不存在卡盘数量太少，导致工件托板不能完全定位，或卡盘数量过多，导致工件托板过定位等问题	5分	
			随行托板能快速夹紧并固定在卡盘上	5分	
2	夹具工程图的绘制		图样符合国家制图相关标准	3分	
			零件图内容要素完备	5分	
			零件图能正确表达零件结构	7分	
			装配图内容要素完备	5分	
3	夹具建模		能完成夹具零件三维模型建模	15分	
			能完成夹具装配三维模型建模	15分	
4	夹具生产、装配与试产		能正确装配夹具	10分	
			能成功试制生产夹具	10分	
		总　　分		100分	

表 6-19　个人关键能力评价表

班级		学号			姓名		
序号	关键能力	评价指标				分值	得分
1	信息获取	能够从复杂学习或工作任务中准确理解和获取完整关键信息				15 分	
		能够围绕主要问题,按照一定的策略,熟练运用互联网技术,迅速、准确地查阅到与主题相关信息,并表现出较高查阅和检索技巧					
		能够对查阅的信息进行整理归纳,找出与解决问题相关的关键信息					
2	自主学习	养成课外学习或工作之余学习的习惯				15 分	
		非常清楚自身不足,并确立学习目标,自主制订合理学习计划,计划实施性强					
		掌握符合自身特点的学习方法,能较快掌握新知识和新技能					
3	解决问题	能够迅速、准确地发现学习或工作中存在的问题				20 分	
		形成自我分析问题思路,对于一个问题能够有较多种解决方案,并能找出较佳方案					
		常有创新性的解决思路和方法					
		定期对一些学习或工作经验、知识进行较好总结,并不断完善提高					
4	负责耐劳	具有较强的责任心,有较强高质量完成学习或工作任务的意识,做事一丝不苟				20 分	
		严格遵守单位或部门的纪律要求,服从工作安排					
		团队协作时,能够积极主动承担脏活、累活					
		心智成熟稳定,能够按照长远发展目标,从底层做起					
5	人际沟通	能撰写 1000 字以上的材料或一般工作计划,条理清晰,主次分明,表达准确,具有较强的文字表达能力				15 分	
		善于倾听他人意见,并准确理解他人想法					
		语言表达条理清楚,重点突出,语句连贯,语意较容易被理解					
		掌握一定人际沟通技巧,与他人沟通顺畅					
6	团队合作	在团队学习或工作中,能够很好地融入和信任团队,并能和他人协作高质量完成复杂任务				15 分	
		团队内部能够分工明确,各司其职,但又能主动热心帮助他人					
		合作中,能够以团队为中心,充分尊重他人和宽容他人,对于不同意见,能服从多数人意见					
总　　分						100 分	

附　　录

附表 1　机床夹具零件及部件　支承钉（JB/T 8029.2—1999）

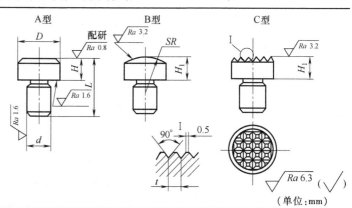

技术要求
1.材料：T8按GB/T 1299的规定。
2.热处理：55～60HRC。
3.其他技术条件按JB/T 8044的规定。
标记示例：
D=16mm、H=8mm的A型支承钉：
支承钉 A16×8 JB/T 8029.2 —1999

（单位：mm）

D	H	H_1		L	d		SR	t
		公称尺寸	极限偏差(h11)		公称尺寸	极限偏差(r6)		
5	2	2	0 −0.060	6	3	+0.016 +0.010	5	1
	5	5		9				
6	3	3	0 −0.075	8	4	+0.023 +0.015	6	
	6	6		11				
8	4	4		12	6		8	
	8	8	0 −0.090	16				1.2
12	6	6	0 −0.075		8	+0.028 +0.019	12	
	12	12	0 −0.110	22				
16	8	8	0 −0.090	20	10		16	
	16	16	0 −0.110	28				1.5
20	10	10	0 −0.090	25	12	+0.034 +0.023	20	
	20	20	0 −0.130	35				

184

（续）

D	H	H_1		L	d		SR	t
		公称尺寸	极限偏差(h11)		公称尺寸	极限偏差(r6)		
25	12	12	0 −0.110	32	16	+0.034 +0.023	25	
	25	25	0 −0.130	45				
30	16	16	0 −0.110	42	20	+0.041 +0.028	32	2
	30	30	0	55				
40	20	20	−0.130	50	24		40	
	40	40	0 −0.160	70				

附表2 机床夹具零件及部件 支承板（JB/T 8029.1—1999）

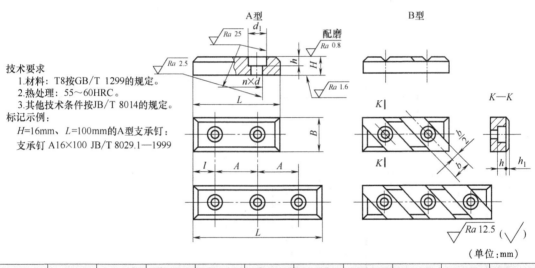

技术要求
1.材料：T8按GB/T 1299的规定。
2.热处理：55～60HRC。
3.其他技术条件按JB/T 8014的规定。
标记示例：
 H=16mm、L=100mm的A型支承钉：
 支承钉 A16×100 JB/T 8029.1—1999

（单位：mm）

H	L	B	b	l	A	d	d_1	h	h_1	孔数 n
6	30	12	—	7.5	15	4.5	8	3	—	2
	45									3
8	40	14		10	20	5.5	10	3.5		2
	60									3
10	60	16	14	15	30	6.6	11	4.5		2
	90									3
12	80	20	17	20	40	9	15	6	1.5	2
	120									3
16	100	25			60					2
	160									3
20	120	32	20	30		11	18	7	2.5	2
	180									3
25	140	40			80					2
	220									3

附表3　机床夹具零件及部件　六角头支承（JB/T 8026. 1—1999）

技术要求
1.材料：45钢按GB/T 699的规定。
2.热处理：$L \leqslant 50$mm全部40～55HRC；
$L > 50$mm头部40～50HRC。
3.其他技术条件按JB/T 8044的规定。

标记示例：
d＝M10、L＝25mm的六角头支承：
支承　M10×25 JB/T 8026.1—1999

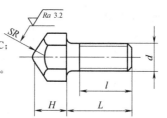
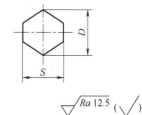

$\sqrt{Ra\ 12.5}\ (\sqrt{})$

（单位：mm）

d	M5	M6	M8	M10	M12	M16	M20	M24	M30	M36
$D \approx$	8.63	10.89	12.7	14.2	17.59	23.35	31.2	37.29	47.3	57.7
H	6	8	10	12	14	16	20	24	30	36
SR	5						12			
S 公称尺寸	8	10	11	13	17	21	27	34	41	50
S 极限偏差	0 / −0.220			0 / −0.270		0 / −0.330		0 / −0.620		
L						l				
15	12	12								
20	15	15	15							
25	20	20	20	20						
30		25	25	25	25					
35			30	30	30	30				
40		35	35	35	35	35	30			
45							35	30		
50			40	40	40		35	35		
60			45		45	45	40	40	35	
70					50	50	50	50	45	45
80					60		55	55	50	50
90						60	60			
100						70	70	60	60	
120							80		70	60
140									100	90
160										100

附表4　机床夹具零件及部件　调节支承（JB/T 8026.4—1999）

技术要求
1. 材料：45钢按GB/T 699的规定。
2. 热处理：L≤50mm全部40～45HRC；
   L>50mm头部40～45HRC。
3. 其他技术条件按JB/T 8044的规定。

标记示例：
　d=M12、L=50mm的调节支承：
　支承　M12×50 JB/T 8026.4—1999

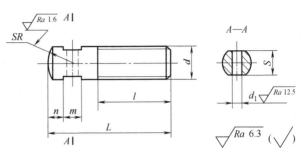

（单位：mm）

d	M5	M6	M8	M10	M12	M16	M20	M24	M30	M36
n	2	3		4	5	6	8	10	12	18
m	4		5	8		10	12	14	16	18
S 公称尺寸	3.2	4	5.5	8	10	13	16	18	27	30
S 极限偏差	0 / −0.180			0 / −0.220			0 / −0.270		0 / −0.330	
d_1	2	2.5	3	3.5	4	5	—			
SR	5	6	8	10	12	16	20	24	30	36
L	l									
20	10	10								
25	12	12	12							
30	16	16	16	14						
35		18	18	16						
40			20	20	18					
45			25	25	20					
50			30	30	25	25				
60					30	30				
70					35	40	35			
80						50	45	40		
100						50	50	60	50	
120									70	60
140							80		90	80
160								90		
180									100	100
200										
220										
250										150
280										
320										

附表5　机床夹具零件及部件　圆柱头调节支承（JB/T 8026.3—1999）

技术要求

1.材料：45钢按GB/T 699的规定。

2.热处理：$L \leqslant 50$mm全部40～45HRC。

3.$L > 50$mm头部40～45HRC。

4.其他技术条件按JB/T 8044的规定。

标记示例：

$d = $M10、$L = $45mm的圆柱头调节支承：

支承　M10×45 JB/T 8026.3—1999

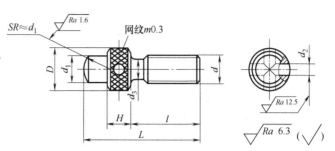

（单位：mm）

d	M5	M6	M8	M10	M12	M16	M20
D（滚花前）	10	12	14	16	18	22	28
d_1	5	6	8	10	12	16	20
d_2		3		4	5	6	8
d_3	3.7	4.4	6	7.7	9.4	13	16.4
H		6		8	10	12	14
L				l			
25	15						
30	20	20					
35	25	25	25				
40	30	30	30	25			
45	35	35	35	30			
50		40	40	35	30		
60			50	45	40		
70				55	50	45	
80					60	55	50
90						65	60
100						75	70
120							90

附表6 机床夹具零件及部件 顶压支承（JB/T 8026.2—1999）

技术要求

1.材料：45钢按GB/T 699的规定。

2.热处理：40～45HRC。

3.其他技术条件按JB/T 8044—1999的规定。

标记示例：

d=Tr16×4左、L=65mm的顶压支承：

支承 Tr16×4左×65 JB/T 8026.2—1999

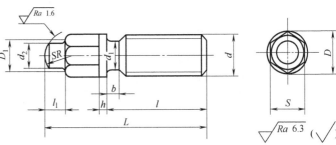

（单位：mm）

d	D $\approx$	L	S		l	l_1	$D_1 \approx$	d_1	d_2	b	h	SR
			公称尺寸	极限偏差								
Tr16×4左	16.2	55	13	0 −0.270	30	8	13.5	10.9	10	5	3	10
		65			40							
		80			55							
Tr20×4左	19.6	70	17		40	10	16.5	14.9	12			12
		85			55							
		100			70							
Tr24×5左	25.4	85	21	0 −0.330	50	12	21	17.4	16	6.5	4	16
		100			65							
		120			85							
Tr30×6左	31.2	100	27		65	15	26	22.2	20	7.5	5	20
		120			75							
		140			95							
Tr36×6左	36.9	120	34	0 −0.620	65	18	31	28.2	24			24
		140			85							
		160			105							

附表 7　机床夹具零件及部件　小定位销（JB/T 8014.1—1999）

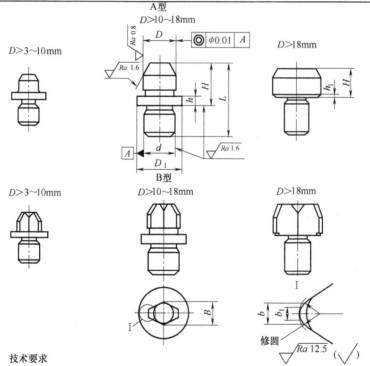

A型　　　　　B型

技术要求
　1.材料：T8按GB/T 1299的规定。
　2.热处理：55～60HRC。
　3.其他技术条件按JB/T 8044的规定。
标记示例：
　　D=2.5mm、公差带为f7的A型小定位销：
　　定位销 A2.5f7 JB/T 8014.1—1999

（单位：mm）

D	H	d		L	B
		公称尺寸	极限偏差 r6		
1~2	4	3	+0.016 +0.010	10	$D-0.3$
>2~3	5	5	+0.023 +0.015	12	$D-0.6$

注：D的公差带按设计要求决定。

附表 8　机床夹具零件及部件　固定式定位销（JB/T 8014.2—1999）

A型
$D>10\sim18$mm

$D>3\sim10$mm　　　　　　　　　　$D>18$mm

B型
$D>3\sim10$mm　　$D>10\sim18$mm　　$D>18$mm

修圆

技术要求
　1.材料：$D\le18$ mm，T8按GB/T 1299规定；$D\ge18$ mm，20钢按GB/T 699的规定。
　2.热处理：T8为55～60 HRC，20钢的渗碳深度为0.8～1.2 mm，55～60 HRC。
　3.其他技术条件按JB/T 8044的规定。
标记示例：
　　$D=11.5$ mm、公差带为f7、$H=14$ mm 的A型固定式定位销：
　　定位销 A11.5f 7×14 JB/T 8014.2—1999

（单位：mm）

（续）

D	H	d 公称尺寸	d 极限偏差 r6	D_1	L	h	h_1	B	b	b_1
>3~6	8	6	+0.023 +0.015	12	16	3		D-0.5	2	1
	14				22	7				
>6~8	10	8	+0.028 +0.019	14	20	3		D-1	3	2
	18				28	7				
>8~10	12	10		16	24	4	—			
	22				34	8				
>10~14	14	12		18	26	4			4	
	24				36	9		D-2		
>14~18	16	15		22	30	5				3
	26				40	10				
>18~20	12	12	+0.034 +0.023		26		1			
	18				32					
	28				42					
>20~24	14				30			D-3		
	22	15			38		2		5	
	32				48					
>24~30	16			—	36	—				
	25				45			D-4		
	34				54					
>30~40	18	18			42				6	4
	30				54					
	38		+0.041 +0.028		62		3	D-5		
>40~50	20	22			50				8	5
	35				65					
	45				75					

附表9 机床夹具零件及部件 可换定位销（JB/T 8014.3—1999）

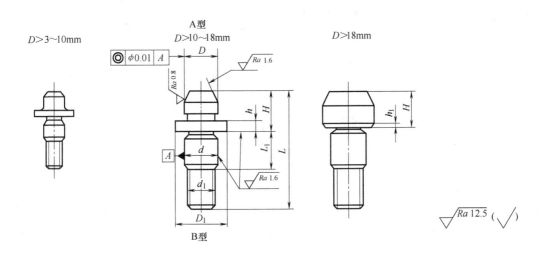

$D>3\sim10\text{mm}$ A型 $D>10\sim18\text{mm}$ $D>18\text{mm}$

B型

（续）

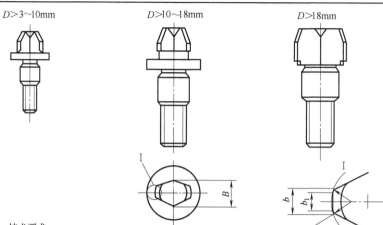

$D>3\sim10$mm $D>10\sim18$mm $D>18$mm

修圆

技术要求
1.材料：$D\leq18$ mm，T8按GB/T 1299的规定。
　　　　$D>18$ mm，20钢按GB/T 699的规定。
2.热处理：T8为55～60 HRC；20钢渗碳深度0.8～1.2 mm，55～60 HRC。
3.其他技术条件按JB/T 8044的规定。
标记示例：
　D =12.5 mm、公差带为f7、H=14 mm 的A型可换定位销：
　定位销 A12.5f7×14 JB/T 8014.3—1999

（单位：mm）

D	H	d 公称尺寸	d 极限偏差 h6	d_1	D_1	L	L_1	h	h_1	B	b	b_1
>3～6	8	6	0 / -0.008	M5	12	26	8	3	—	D-0.5	2	1
	14					32		7				
>6～8	10	8	0 / -0.009	M6	14	28	8	3		D-1	3	2
	18					36		7				
>8～10	12	10		M8	16	35	10	4		D-2	4	3
	22					45		8				
>10～14	14	12	0 / -0.011	M10	18	40	12	4				
	24					50		9				
>14～18	16	15		M12	22	46	14	5				
	26					56		10				
>18～20	12	12		M10	—	40	12	—	1			
	18					46						
	28					55						
>20～24	14	15		M12		45	14		2	D-3	5	
	22					53						
	32					63						
>24～30	16					50	16			D-4		
	25					60						
	34					68						
>30～40	18	18	0 / -0.013	M16		60	20		3	D-5	6	4
	30					72						
	38					80						
>40～50	20	22		M20		70	25				8	5
	35					85						
	45					95						

注：D 的公差带按设计要求决定。

附表 10　机床夹具零件及部件　定位插销（JB/T 8015—1999）

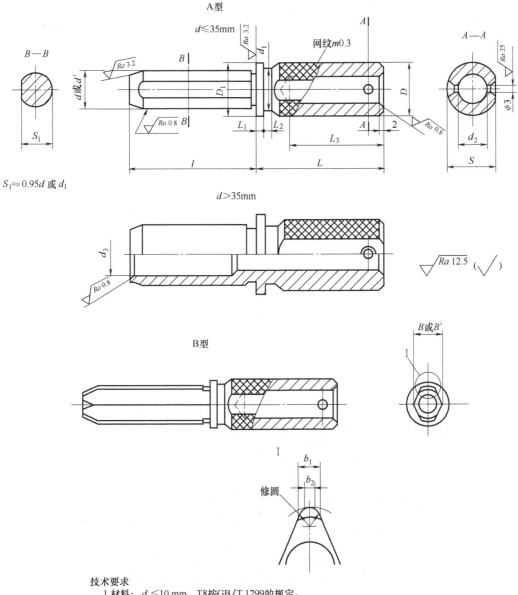

A型

$d \leqslant 35\text{mm}$

网纹$m0.3$

$S_1 \approx 0.95d$ 或 d_1

$d > 35\text{mm}$

$\sqrt{Ra\,12.5}$ $(\sqrt{\ })$

B型

B或B'

修圆

技术要求

1.材料：$d \leqslant 10$ mm，T8按GB/T 1299的规定。

　　　　$d > 10$ mm，20钢按GB/T 699的规定。

2.热处理：T8为55～60 HRC；20钢渗碳深度0.8～1.2 mm，55～60 HRC。

3.其他技术条件按JB/T 8044的规定。

标记示例：

　　$d = 10$ mm、$l = 40$ mm 的A型定位插销：

　　定位插销　A10×40　JB/T 8015—1999

　　$d' = 12.5$mm、公差带为h6、$l = 50$ mm 的A型定位插销：

　　定位插销　A12.5h6×50 JB/T 8015—1999

（单位：mm）

（续）

d	公称尺寸	3	4	6	8	10	12	15	18	22	26	30	35	42	48	55	62	70	78
	极限偏差 f7（上）	−0.006	−0.010		−0.013		−0.016			−0.020			−0.025			−0.030			
	极限偏差 f7（下）	−0.016	−0.022		−0.028		−0.034			−0.041			−0.050			−0.060			
d'		2~3	>3~4	>4~6	>6~8	>8~10	>10~12	>12~15	>15~18	>18~22	>22~26	>26~30	>30~35	>35~42	>42~48	>48~55	>55~62	>62~70	>70~78
D（滚花前）		6	8	10	12	14	16	19	22	30		36		40					
D₁		6	8	10	12	14	16	19	22	30		36	40	47	53	60	67	75	d+5 / d'+5
d₁		5	6	7	8	10	12	15	18	26		32		36					
d₂		—						14		20		25		28					
d₃		—												25	30	35	40	45	50
L		30				40		50		60		80		90					
L₁		2				3		4		5		6							
L₂		3				4		6				8							
L₃		—						35		45		60		—					
S		5	7	9	11	13	15	18	21	29		35		39					
B		2.7	3.5	5.5	7	9	10	13	16	19	23	26	30	—					
B'		d'−0.3	d'−0.5		d'−1		d'−2			d'−3		d'−4	d'−5	—					
a		0.25				0.5							1						
b		2										3				4			
b₁		1.5	2	3		4				5									
b₂		1				2				3				—					

d	公称尺寸	3	4	6	8	10	12	15	18	22	26	30	35	42	48	55	62	70	78
l		20	20	20	20														
		25	25	25	25														
		30	30	30	30														
		35	35	35	35	35	35												
		40	40	40	40	40	40	40											
		45	45	45	45	45	45	45											
				50	50	50	50	50	50	50									
			60	60	60	60	60	60	60	60	60								
				70	70	70	70	70	70	70	70	70							
					80	80	80	80	80	80	80	80							
						90	90	90	90	90	90	90	90						
						100	100	100	100	100	100	100	100	100					
							120	120	120	120	120	120	120	120					
								140	140	140	140	140	140	140	140				
									160	160	160	160	160	160	160	160			
										180	180	180	180	180	180	180	180	180	180
											200	200	200	200	200	200	200	200	200
												220	220	220	220	220	220	220	220
												250	250	250	250	250	250	250	250
														280	280	280	280	280	280
														320	320	320	320	320	320

注：d'的公差带按设计要求确定。

附表 11　机床夹具零件及部件　内拔顶尖（JB/T 10117.1—1999）

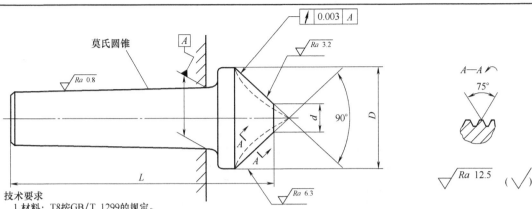

技术要求
　1.材料：T8按GB/T 1299的规定。
　2.热处理：55～60HRC，锥柄部40～45HRC。
　3.其他技术条件按JB/T 8044的规定。
标记示例：
　莫氏圆锥4号的内拔顶尖：
　顶尖　4　JB/T 10117.1—1999

（单位：mm）

规格	莫氏圆锥				
	2	3	4	5	6
D	30	50	75	95	120
L	85	110	150	190	250
d	6	15	20	30	50

附表 12　机床夹具零件及部件　夹持式内拔顶尖（JB/T 10117.2—1999）

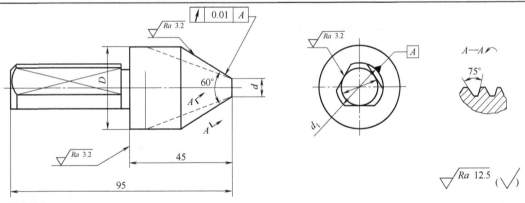

技术要求
　1.材料：T8按GB/T 1299的规定。
　2.热处理：55～60HRC。
　3.其他技术条件按JB/T 8044的规定。
标记示例：
　d=12mm的夹持式内拔顶尖：
　顶尖　12　JB/T 10117.2—1999

（单位：mm）

d	公称尺寸	12	16	20	25	32	40	50	63	80	100
	极限偏差	0 -0.5									
D		35	40	45	50	55	63	75	90	110	125
d_1		20		25		30		45		50	60

附表 13　机床夹具零件及部件　V 形块（JB/T 8018.1—1999）

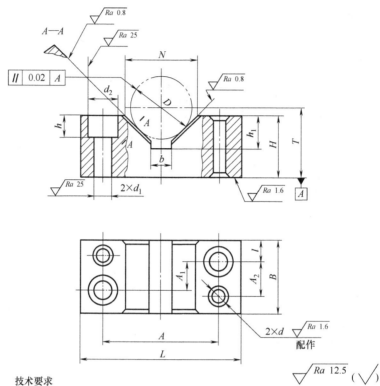

技术要求
　1.材料：20钢按GB/T 699的规定。
　2.热处理：渗碳深度0.8～1.2mm，58～64HRC。
　3.其他技术条件按JB/T 8044的规定。
标记示例：
　N=24mm的V形块：
　V形块　24　JB/T 8018.1—1999

（单位：mm）

N	D	L	B	H	A	A_1	A_2	b	l	d 公称尺寸	d 极限偏差 H7	d_1	d_2	h	h_1
9	5～10	32	16	10	20	5	7	2	5.5	4		4.5	8	4	5
14	>10～15	38	20	12	26	6	9	4	7		+0.012 0	5.5	10	5	7
18	>15～20	46	25	16	32	9	12	6	8	5		6.6	11	6	9
24	>20～25	55		20	40			8							11
32	>25～35	70	32	25	50	12	15	12	10	6		9	15	8	14
42	>35～45	85	40	32	64	16	19	16	12	8	+0.015 0	11	18	10	18
55	>45～60	100		35	76			20							22
70	>60～80	125	50	42	96	20	25	30	15	10		13.5	20	12	25
85	>80～100	140		50	110			40							30

　注：尺寸 T 按公式计算：$T=H+0.707D-0.5N$。

附表 14　机床夹具零件及部件　固定 V 形块（JB/T 8018.2—1999）

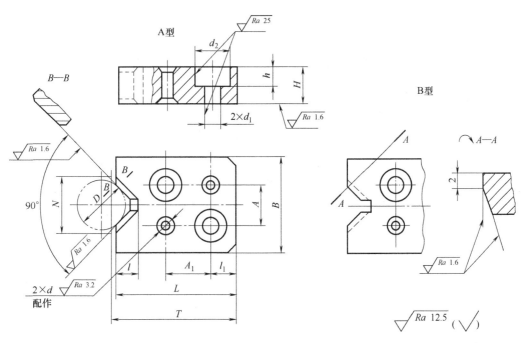

技术要求
　1.材料：20钢按GB/T 699的规定。
　2.热处理：渗碳深度0.8~1.2mm，58~64HRC。
　3.其他技术条件按JB/T 8044的规定。
标记示例：
　N=18mm的A型固定V形块：
　V形块　A18　JB/T 8018.2—1999

（单位：mm）

N	D	B	H	L	l	l_1	A	A_1	公称尺寸	极限偏差 H7	d_1	d_2	h
9	5~10	22	10	32	5	6	10	13	4		4.5	8	4
14	>10~15	24	12	35	7	7		14	5	+0.012 0	5.5	10	5
18	>15~20	28	14	40	10	8	12				6.6	11	6
24	>20~25	34	16	45	12	10	15	15	6				
32	>25~35	42		55	16	12	20	18	8		9	15	8
42	>35~45	52	20	68	20	14	26	22	10	+0.015 0	11	18	10
55	>45~60	65		80	25	15	35	28					
70	>60~80	80	25	90	32	18	45	35	12	+0.018 0	13.5	20	12

注：尺寸 T 按公式计算：$T=L+0.707D-0.5N$。

附表 15　机床夹具零件及部件　调整 V 形块（JB/T 8018.3—1999）

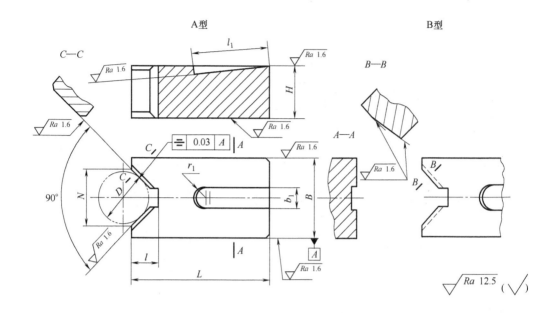

技术要求
1. 材料：20钢按GB/T 699的规定。
2. 热处理：渗碳深度0.8～1.2mm，58～64HRC。
3. 其他技术条件按JB/T 8044的规定。
标记示例：
　N=18mm的A型固定V形块：
　V形块　A18　JB/T 8018.3—1999

（单位：mm）

N	D	B		H		L	l	l_1	r_1
		公称尺寸	极限偏差 f7	公称尺寸	极限偏差 f9				
9	5～10	18	−0.016 −0.034	10	−0.013 −0.049	32	5	22	4.5
14	>10～15	20	−0.020 −0.041	12		35	7		
18	>15～20	25		14	−0.016 −0.059	40	10	26	
24	>20～25	34	−0.025 −0.050	16		45	12	28	5.5
32	>25～35	42				55	16	32	
42	>35～45	52	−0.030 −0.060	20	−0.020 −0.072	70	20	40	
55	>45～60	65				85	25	46	6.5
70	>60～80	80		25		105	32	60	

附表 16　机床夹具零件及部件　活动 V 形块（JB/T 8018.4—1999）

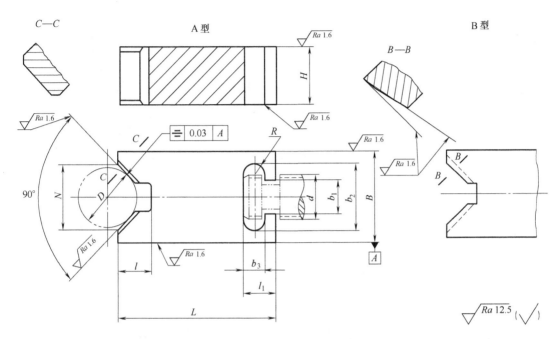

技术要求
　1.材料：20钢按GB/T 699的规定。
　2.热处理：渗碳深度0.8~1.2mm,58~64HRC。
　3.其他技术条件按JB/T 8044的规定。
标记示例：
　N=18mm的A型固定V形块：
　V形块　A18　JB/T 8018.4—1999

（单位：mm）

N	D	B 公称尺寸	B 极限偏差 f7	H 公称尺寸	H 极限偏差 f9	L	l	l_1	b_1	b_2	b_3	相配件 d
9	5~10	18	-0.016 -0.034	10	-0.013 -0.049	32	5	6	5	10	4	M6
14	>10~15	20	-0.020 -0.041	12		35	7	8	6.5	12	5	M8
18	>15~20	25		14	-0.016 -0.059	40	10	10	8	15	6	M10
24	>20~25	34	-0.025 -0.050	16		45	12	12	10	18	8	M12
32	>25~35	42				55	16	13	13	24	10	M16
42	>35~45	52	-0.030 -0.060	20	-0.020 -0.072	70	20					
55	>45~60	65				85	25	15	17	28	11	M20
70	>60~80	80		25		105	32					

附表17 机床夹具零件及部件 定位键（JB/T 8016—1999）

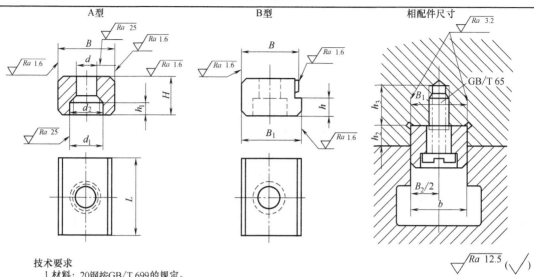

A型　　　　　　　　B型　　　　　　　　相配件尺寸

技术要求
1.材料：20钢按GB/T 699的规定。
2.热处理：40～45HRC。
3.其他技术条件按JB/T 8044的规定。

标记示例：
B=18mm、公差带为h6的A型定位键：
定位键 A18h6 JB/T 8016—1999

（单位：mm）

B 公称尺寸	B 极限偏差 h6	B 极限偏差 h8	B1	L	H	h	h1	d	d1	d2	T形槽宽度 b	B2 公称尺寸	B2 极限偏差 H7	B2 极限偏差 JS6	h2	h3	螺钉 GB/T 65
8	0 / −0.009	0 / −0.022	8	14	8	3	3.4	3.4	6	—	8	8	+0.015 / 0	±0.0045	4	8	M3×10
10	0 / −0.009	0 / −0.022	10	16	8	3	4.6	4.5	8	—	10	10	+0.015 / 0	±0.0045	4	8	M4×10
12	0 / −0.011	0 / −0.027	12	20	8	3	5.7	5.5	10	—	12	12	+0.018 / 0	±0.0055	4	10	M5×12
14	0 / −0.011	0 / −0.027	14	20	8	3	5.7	5.5	10	—	14	14	+0.018 / 0	±0.0055	4	10	M5×12
16	0 / −0.011	0 / −0.027	16	25	10	4	6.8	6.6	11	—	(16)	16	+0.018 / 0	±0.0055	5	13	M6×16
18	0 / −0.011	0 / −0.027	18	25	10	4	6.8	6.6	11	—	18	18	+0.018 / 0	±0.0055	5	13	M6×16
20	0 / −0.013	0 / −0.033	20	32	12	5	6.8	6.6	11	—	(20)	20	+0.021 / 0	±0.0065	6	13	M6×16
22	0 / −0.013	0 / −0.033	22	32	12	5	9	9	15	—	22	22	+0.021 / 0	±0.0065	6	13	M6×16
24	0 / −0.013	0 / −0.033	24	40	14	6	9	9	15	—	(24)	24	+0.021 / 0	±0.0065	7	15	M8×20
28	0 / −0.013	0 / −0.033	28	40	16	7	9	9	15	—	28	28	+0.021 / 0	±0.0065	8	15	M8×20
36	0 / −0.016	0 / −0.039	36	50	20	9	13	13.5	20	16	36	36	+0.025 / 0	±0.008	10	18	M12×25
42	0 / −0.016	0 / −0.039	42	60	24	10	13	13.5	20	16	42	42	+0.025 / 0	±0.008	12	18	M12×30
48	0 / −0.016	0 / −0.039	48	70	28	12	13	13.5	20	16	48	48	+0.025 / 0	±0.008	14	18	M16×35
54	0 / −0.019	0 / −0.046	54	80	32	14	17.5	17.5	26	18	54	54	+0.030 / 0	±0.0095	16	22	M16×40

1. 尺寸 B1 留磨量 0.5mm 按机床T形槽宽度配作，公差带为 h6 或 h8。

2. 括号内尺寸尽量不采用。

附表 18　机床夹具零件及部件　定向键（JB/T 8017—1999）

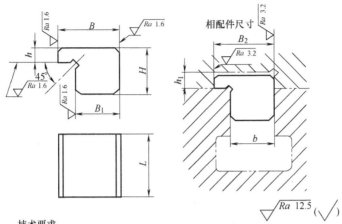

技术要求

1.材料：45钢按GB/T 699的规定。

2.热处理：40～45HRC。

3.其他技术条件按JB/T 8044的规定。

标记示例：

B=24mm、B_1=18mm、公差带为h6的定向键：

定向键　24×18h6　JB/T 8017—1999

（单位：mm）

B		B_1	L	H	h	相配件			
基本尺寸	极限偏差（h6）					T形槽宽度 b	B_2		h_1
							公称尺寸	极限偏差（H7）	
18	0 −0.011	8	20	12	4	8	18	+0.018 0	6
		10				10			
		12				12			
		14				14			
24	0 −0.013	16	25	18	5.5	(16)	24	+0.021 0	7
		18				18			
		20				(20)			
28		22	40	22	7	22	28		9
		24				(24)			
36	0 −0.016	28	50	35	10	28	36	+0.025 0	12
48		36				36	48		
		42				42			
60	0 −0.019	48	65	50	12	48	60	+0.030 0	14
		54				54			

1. 尺寸 B_1 留磨量 0.5mm 按机床 T 形槽宽度配作，公差带为 h6 或 h8。

2. 括号内尺寸尽量不采用。

附表 19　机床夹具零件及部件 固定钻套（JB/T 8045.1—1999）

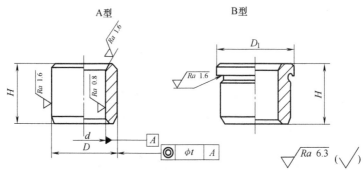

技术要求
   1.材料：$d \leqslant 26mm$，T10A按GB/T 1299的规定。
      $d > 26mm$，20钢按GB/T 699的规定。
   2.热处理：T10A为58～64HRC；20钢渗碳深度为0.8～1.2mm，58～64HRC。
   3.其他技术条件按JB/T 8044的规定。
   4.标记示例：
     $d = 18mm$、$H = 16mm$的A型固定钻套：
     钻套　A18×16　JB/T 8045.1—1999

（单位：mm）

d		D		D_1	H			t
公称尺寸	极限偏差（F7）	公称尺寸	极限偏差（D6）					
>0~1	+0.016 +0.006	3	+0.010 +0.004	6	6	9		—
>1~1.8		4		7				
>1.8~2.6		5	+0.016 +0.008	8				
>2.6~3		6		9				0.008
>3~3.3	+0.022 +0.010				8	12	16	
>3.3~4		7	+0.019 +0.010	10				
>4~5		8		11				
>5~6		10		13	10	16	20	
>6~8	+0.028 +0.013	12	+0.023 +0.012	15				
>8~10		15		18	12	20	25	
>10~12	+0.034 +0.016	18		22				
>12~15		22	+0.028 +0.015	26	16	28	36	
>15~18		26		30				
>18~22	+0.041 +0.020	30		34	20	36	45	
>22~26		35	+0.033 +0.017	39				
>26~30		42		46	25	45	56	0.012
>30~35	+0.050 +0.025	48		52				
>35~42		55		59				
>42~48		62	+0.039 +0.020	66	30	56	67	
>48~50		70		74				
>50~55	+0.060 +0.030							
>55~62		78		82	35	67	78	0.040
>62~70		85		90				
>70~78		95	+0.045 +0.023	100				
>78~80	+0.071 +0.036	105		110	40	78	105	
>80~85								

附表20　机床夹具零件及部件　可换键套（JB/T 8045.2—1999）

技术要求
1. 材料：d≤26mm，T10A按GB/T 1299的规定。
　　d＞26mm，20钢按GB/T 699的规定。
2. 热处理：T10A为58～64HRC；20钢渗碳深度为0.8～1.2mm，58～64HRC。
3. 其他技术条件按JB/T 8044的规定。
标记示例：
　　d＝12mm、公差带为F7，D＝18mm，公差带为k6，H＝16mm的可换套钻：
　　钻套　12F7×18k6×16　JB/T 8045.2—1999

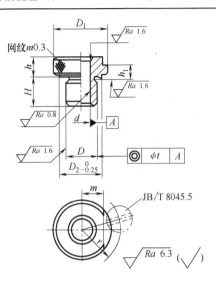

（单位：mm）

d 公称尺寸	d 极限偏差(F7)	D 公称尺寸	D 极限偏差(m6)	D 极限偏差(k6)	D₁滚花前	D₂	H	H	H	h	h₁	r	m	t	配用螺钉 JB/T 8045.5
>0~3	+0.016 +0.006	8	+0.015 +0.006	+0.010 +0.001	15	12	10	16	—	8	3	11.5	4.2	0.008	M5
>3~4	+0.022 +0.010	8	+0.015 +0.006	+0.010 +0.001	15	12	10	16	—	8	3	11.5	4.2	0.008	M5
>4~6	+0.022 +0.010	10	+0.015 +0.006	+0.010 +0.001	18	15	12	20	25	10	4	13	5.5	0.008	M6
>6~8	+0.028 +0.013	12	+0.018 +0.007	+0.012 +0.001	22	18	12	20	25	10	4	16	7	0.008	M6
>8~10	+0.028 +0.013	15	+0.018 +0.007	+0.012 +0.001	26	22	16	28	36	10	4	18	9	0.008	M6
>10~12	+0.034 +0.016	18	+0.018 +0.007	+0.012 +0.001	30	26	16	28	36	10	4	20	11	0.008	M6
>12~15	+0.034 +0.016	22	+0.021 +0.008	+0.015 +0.002	34	30	20	36	45	10	4	23.5	12	0.008	M8
>15~18	+0.034 +0.016	26	+0.021 +0.008	+0.015 +0.002	39	35	20	36	45	10	4	26	14.5	0.008	M8
>18~22	+0.041 +0.020	30	+0.025 +0.009	+0.018 +0.002	46	42	25	45	56	12	5.5	29.5	18	0.008	M8
>22~26	+0.041 +0.020	35	+0.025 +0.009	+0.018 +0.002	52	46	25	45	56	12	5.5	32.5	21	0.008	M8
>26~30	+0.041 +0.020	42	+0.025 +0.009	+0.018 +0.002	59	53	25	45	56	12	5.5	36	24.5	0.012	M8
>30~35	+0.050 +0.025	48	+0.025 +0.009	+0.018 +0.002	66	60	30	56	67	16	7	41	27	0.012	M10
>35~42	+0.050 +0.025	55	+0.030 +0.011	+0.021 +0.002	74	68	30	56	67	16	7	45	31	0.012	M10
>42~48	+0.050 +0.025	62	+0.030 +0.011	+0.021 +0.002	82	76	30	56	67	16	7	49	35	0.012	M10
>48~50	+0.050 +0.025	70	+0.030 +0.011	+0.021 +0.002	90	84	35	67	78	16	7	53	39	0.012	M10
>50~55	+0.060 +0.030	70	+0.030 +0.011	+0.021 +0.002	90	84	35	67	78	16	7	53	39	0.012	M10
>55~62	+0.060 +0.030	78	+0.030 +0.011	+0.021 +0.002	100	94	40	78	105	16	7	58	44	0.012	M10
>62~70	+0.060 +0.030	85	+0.035 +0.013	+0.025 +0.003	110	104	40	78	105	16	7	63	49	0.040	M10
>70~78	+0.060 +0.030	95	+0.035 +0.013	+0.025 +0.003	120	114	40	78	105	16	7	68	54	0.040	M10
>78~80	+0.071 +0.036	105	+0.035 +0.013	+0.025 +0.003	130	124	45	89	112	16	7	73	59	0.040	M10
>80~85	+0.071 +0.036	105	+0.035 +0.013	+0.025 +0.003	130	124	45	89	112	16	7	73	59	0.040	M10

1. 当作铰（扩）套使用时，d 的公差带推荐如下：
采用 GB/T 1132 规定的铰刀，铰 H7 孔时，取 F7；铰 H9 孔时，取 E7。铰（扩）其他精度孔时，公差带由设计选定。

2. 铰（扩）套的标记示例：d＝12mm 公差带为 E7、D＝18mm 公差带为 m6、H＝16mm 的可换铰（扩）套：
铰（扩）套　12E7×18m6×16　JB/T 8045.2

附表 21　机床夹具零件及部件　快换钻套（JB/T 8045.3—1999）

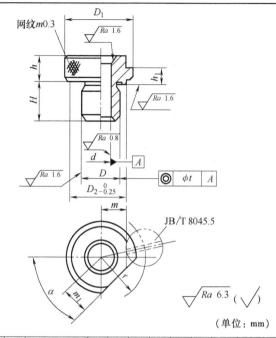

技术要求
1.材料：d≤26mm，T10A 按 GB/T 1299 的规定。
　　　　d>26mm，20 钢按 GB/T 699 的规定。
2.热处理：T10A 为 58~64HRC；20 钢渗碳深度为
　　　　0.8~1.2mm，58~64HRC。
3.其他技术条件按 JB/T 8044 的规定。
标记示例：
　d=12mm，公差带为 F7，D=18mm，公差带
　为 k6，H=16mm 的快换钻套：
　钻套 12F7×18k6×16　JB/T 8045.3—1999

（单位：mm）

d 公称尺寸	d 极限偏差（F7）	D 公称尺寸	D 极限偏差（m6）	D 极限偏差（h6）	D_1 滚花前	D_2	H	h	h_1	r	m	m_1	α	t	配用螺钉 JB/T 8045.5
>0~3	+0.016 +0.006	8	+0.015 +0.006	+0.010 +0.001	15	12	10 16 —	8	3	11.5	4.2	4.2	50°	0.008	M5
>3~4	+0.022 +0.010														
>4~6		10			18	15	12 20 25			13	6.5	5.5			
>6~8	+0.028 +0.013	12	+0.018 +0.007	+0.012 +0.001	22	18				16	7	7	55°		M6
>8~10		15			26	22	16 28 36	10	4	18	9	9			
>10~12	+0.034 +0.016	18			30	26				20	11	11			
>12~15		22	+0.021 +0.008	+0.016 +0.002	34	30	20 36 45			23.5	12	12			
>15~18		26			39	35				26	14.5	14.5			
>18~22	+0.041 +0.020	30	+0.025 +0.009	+0.018 +0.002	46	42	25 45 56	12	5.5	29.5	18	18			M8
>22~26		35			52	46				32.5	21	21			
>26~30		42			59	53	30 56 67			36	24.5	25		0.012	
>30~35	+0.050 +0.025	48	+0.030 +0.011	+0.021 +0.002	66	60				41	27	28	65°		
>35~42		55			74	68	35 67 78			45	31	32			
>42~48		62			82	76				49	35	36			
>48~50		70			90	84	40 78 105			53	39	40			
>50~55	+0.060 +0.030												70°		M10
>55~62		78	+0.035 +0.013	+0.025 +0.003	100	94		16	7	58	44	45			
>62~70		85			110	104	45 89 112			63	49	50			
>70~78		95			120	114				68	54	55		0.040	
>78~80	+0.071 +0.036	105			130	124				73	59	60	75°		
>80~85															

1. 当作铰（扩）套使用时，d 的公差带推荐如下：
采用 GB/T 1132 规定的铰刀，铰 H7 孔时，取 F7；铰 H9 孔时，取 E7。铰（扩）其他精度孔时，公差带由设计选定。
2. 铰（扩）套的标记示例：$d=12$mm 公差带为 E7，$D=18$mm 公差带为 m6，$H=16$mm 的快换铰（扩）套：
铰（扩）套　12E7×18m6×16　JB/T 8045.3—1999

参 考 文 献

［1］　人力资源和社会保障部教材办公室. 机床夹具［M］. 4 版. 北京：中国劳动社会保障出版社，2011.